Dr. med. vet. Eva Maria Casteel

Mit den wichtigsten **Dos** & **Don'ts**

Hühner

So geht es deinen Tieren gut

AF639285

KOSMOS

Inhalt

Die Reihe mit den Dos & Don'ts

Do! Don't

→ **Auf einen Blick** Die Dos & Don'ts geben dir einen schnellen Überblick, um das Wesentliche auf den jeweiligen Seiten zu erfassen. Auch in den Umschlagklappen findest Du vorne alle wichtigen Dos und hinten alle Don'ts für deine Hühnerhaltung.

Die eigene Hühnerschar

Planung und Auswahl

Hühnerhaltung – was kommt auf mich zu?

⟶ Wenn du dich fragst, ob Hühner etwas für dich sind, kann ich nur sagen: keine Sorge! Ich halte seit vielen Jahren trotz meines Berufs, meiner Familie und wenig Freizeit eigene Hühner im Garten. Sie bringen eine wunderbare Abwechslung in den Alltag. Es macht Spaß, sie zu beobachten, sich um sie zu kümmern und dabei mit schmackhaften Eiern belohnt zu werden. Hühner sind sehr sozial und aktiv. Mit der Zeit können sie ausgesprochen zutraulich werden. Das bereitet nicht nur Kindern, sondern auch Erwachsenen jeden Alters viel Freude. Umso wichtiger ist es, Fehler in der Haltung und Versorgung zu vermeiden, indem du dich von Anfang an umfassend informierst. So gelingt es, Grübeleien, Ratlosigkeit und Stress in Sachen Hühnerhaltung zu umgehen, und du kannst deine Hühner von Beginn an dauerhaft gesund halten.

Sind Hühner etwas für mich?

Wenn du Hühner halten möchtest, beschäftigen dich wahrscheinlich folgende Fragen:

Wie viel Zeit brauche ich?

Das lässt sich natürlich nicht pauschal sagen, sondern hängt von der Anzahl der Tiere und von deinem Hühnerstall beziehungsweise dessen Umgebung ab. Zur Orientierung: Bei der Versorgung von fünf Hühnern im Garten wirst du meiner Erfahrung nach täglich circa 10 – 20 Minuten morgens und abends brauchen. Zu den Arbeiten gehören Füttern, Tränke reinigen und neu befüllen, Eier einsammeln, Kotbrett reinigen und nach dem Rechten sehen. Einmal die Woche solltest du den Stall und die Legenester reinigen und den Auslauf grob harken. Hinzu kommt zweimal jährlich eine gründliche Reinigung von Stall und Auslauf. An heißen Tagen rate ich außerdem dazu, deine Hühner öfter im Blick zu haben und ihnen Möglichkeiten zur Abkühlung anzubieten. Auf beides werde ich später ausführlicher eingehen.

Sind Hühner familienfreundlich?

Wenn du auf einige Dinge achtest, dann sind eigene Hühner für Kinder eine tolle Erfahrung und machen der ganzen Familie viel Freude. Wähle am besten eine Hühnerrasse, die ruhiger ist, kaum fliegt und schnell zutraulich wird. Seidenhühner, aber auch Brahma, Sebrights oder Wyandotten eignen sich z. B. sehr gut.

Kleinkinder Sorge dafür, dass Kleinkinder den Auslauf und den Hühnerstall nicht unbeaufsichtigt betreten. Sie sollten nur gemeinsam mit einem Erwachsenen zu den Hühnern gehen, um den Hühnern Stress oder Paniksituationen zu ersparen. Zum anderen könnte ein Hahn zur Gefahr für kleine Kinder werden, wenn er sein Revier verteidigen und seine Hühner beschützen möchte. Das verläuft zwar meistens harmlos, sorgt aber bei den Kindern für einen großen Schreckmoment. Wenn du diese Dinge beachtest, sind eigene Hühner für Kinder ab dem Vorschul- oder Grundschulalter eine absolute Bereicherung.

Hühner sind hervorragende Lehrmeister, um Kindern Empathie und Respekt gegenüber Tieren beizubringen. Sie haben Charakter, werden zahm und es macht Spaß, sie zu beobachten.

Welche Kosten entstehen?

→ Das kommt auf die Umstände bei dir vor Ort an. Meine exemplarische Kostenschätzung beruht auf Erfahrungswerten aus der Praxis und variiert je nach Qualität, Umgebungsverhältnissen, Rohstoffpreisen und Ansprüchen des Hühnerhalters stark. Alle Angaben sind daher als grobe Orientierung zu sehen und für die Haltung von vier Hühnern beispielhaft dargestellt.

Kosten im Überblick

Anschaffungskosten	Hühnerstall	400 - 1 000 €, je nachdem, ob bereits ein Schuppen vorhanden ist, ein Hühnerstall gekauft, selbstgebaut oder ein Gartenhaus für Hühner umgebaut wird.
	Futternapf	10 - 50 €, z. B. ein bis zwei Futterautomaten aus Kunststoff zum Aufhängen. Hier kommen die Hennen von allen Seiten dran und das Futter bleibt sauber.
	Tränke	5 - 15 €, Tränkebehälter zum Aufhängen und Nippeltränken haben sich bewährt.
	Auslaufumzäunung*	100 - 800 €, je nach Größe des Auslaufs, Zaunhöhe etc.
	Auslaufbepflanzung*	50 - 200 € für Büsche, Sträucher, kleine Bäume, falls noch nichts vorhanden ist.
	Zwei Legenester	20 - 40 €. Du kannst fertige Legenester kaufen. Eine Kunstsoffkiste, bequem gepolstert, wird auch gern angenommen.
	Sitzstange und Kotbrett	15 - 300 €, je nach benötigter Größe und Material
	Vier Hühner	10 - 60 € pro Huhn, insgesamt zwischen 40 - 120 €
	Gesamt	**840 - 2 925 €**
Laufende Kosten im Monat	Futter	15 - 45 € (ca. 15 kg/Monat). Hierzu zählen ein gutes Alleinfuttermittel für Hühner, Muschelkalk, Grit und Snacks.
	Einstreu	9 - 17 € (wöchentlich gemistet, 12 kg/Monat)
	Gesundheitsprophylaxe	15 - 60 € für Sandbad, Kieselgur, Ergänzungsfuttermittel
	Impfungen	5 - 25 € (nur für Pflichtimpfungen)
	Gesamt	**44 - 147 €**

* Optional. Bei freier Gartenhaltung nicht unbedingt erforderlich, aber empfehlenswert.

Stand 2024

Es muss nicht immer alles neu sein. Hier wurde ein altes Kinderspielhaus zum Hühnerstall umfunktioniert.

Ein eingezäunter Auslauf ist zu empfehlen. Ob Besuch mit fremden Hund oder um Kot im ganzen Garten zu vermeiden, aber auch zum Schutz der Sommerblumen – nicht immer ist der Freilauf erwünscht.

Hängende Futterbehälter sorgen für weniger Futterverluste und das Futter bleibt sauber.

Große Sichtlagerkästen aus dem Baumarkt eignen sich sehr gut als Legenest.

Genug Platz für Hühner

⟶ Grundsätzlich gilt: Je mehr Platz zur Verfügung steht, desto einfacher ist es, Tiere gesund zu halten und auf tierseuchenrechtliche Vorgaben zu reagieren. Eine solche Vorgabe kann zum Beispiel ein sogenanntes Aufstallungsgebot bei einem Ausbruch der Geflügelpest sein, bei dem die Hühner eine Weile im Stall bleiben müssen. Aus diesem Grund hat sich eine an den Stall angrenzende Voliere bewährt. Sie ist überdacht und engmaschig, sodass keine Wildvögel hineinkommen, und den Hühnern dennoch Auslauf bietet.

Planungshilfe Hühnerstall

Tierzahl	Stallfläche (qm)	Mindestauslauffläche (qm)
3	1	15
4 - 7	2	35
8 - 10	3	50
11 - 15	5	75
20 - 25	8	125

Hühnerstall mit Volierenanbau: So können die Hennen selbst bei Stallpflicht an die frische Luft.

In der Regel gilt: Je mehr Fläche pro Huhn im Auslauf zur Verfügung steht, desto grüner bleibt es.

Ausreichend Platz ist entscheidend, um die Tiere gesund zu halten – das wissen auch diese jungen Blumenhühner zu schätzen.

Gesetzliche Vorgaben für Mindestmaße im Rahmen der Hobbygeflügelhaltung existieren nicht. Um eine stressfreie und artgerechte Hühnerhaltung im Garten zu gewährleisten, haben sich folgende Mindestmaße bewährt:

Der Hühnerstall sollte etwa 1 m² pro 2–4 Hühner groß sein (große, mittlere oder kleine Rasse). Plane dazu einen Vorraum als Futterlager und für Gerätschaften ein.

Der Auslauf Rechne mit mindestens 5 m² pro Huhn für den Auslauf. Je mehr Platz, desto besser für die Hühner. Zudem gilt: Je größer der Auslauf, umso weniger leidet die Grasnarbe durch das ständige Scharren der Tiere. Ist deine Auslauffläche groß genug, kannst du sie auch unterteilen. Dann kann sich ein Bereich erholen, während die Hühner sich im anderen Bereich aufhalten und umgekehrt.

Mein Tipp

Hühner verstehen es, ihre Halter zu begeistern und durch tägliche Routinen ist der Aufwand überschaubar. Bei den meisten Hühnerfreunden stellt sich bald die Frage, ob es nicht ein paar Hühner mehr sein können. Plane daher mehr Platz ein und baue Stall und Auslauf 50% größer als für die anfangs berechnete Hühnerschar!

Hühner im Garten

→ Hühner gelten im Bereich der Hobbyhaltung, sogar in einem Wohngebiet, in der Regel als nicht genehmigungspflichtig. Hühnerhaltung ist also grundsätzlich erlaubt, solange es sich um wenige Tiere in artgerechter Privathaltung handelt.
Allerdings können Gemeinden die Haltung in reinen Wohngebieten auch untersagen. Erfahrungsgemäß ist dies häufiger in städtischen Wohngebieten der Fall. In den meisten Kleingartenanlagen herrscht ebenfalls ein Hühnerhaltungsverbot. Wenn du unsicher bist, erkundige dich vorab bei deiner Gemeinde oder dem jeweiligen Kleingartenverein. Je nach Größe kann es sein, dass du in manchen Gemeinden eine Baugenehmigung für dein Hühnerhaus brauchst. Auch hier ist es gut, wenn du dich vorab kundig machst.

Nicht immer sind Hähne in der Nachbarschaft beliebt. Kläre mögliche Bedenken lieber vor der Anschaffung ab.

Was bedeutet artgerechte Privathaltung?

Du brauchst in jedem Fall einen Garten, da die Haltung auf einem Balkon oder gar in Käfigen den Tieren nicht gerecht wird. Zudem muss dein Stall ausreichend groß, gut belüftet und möglichst isoliert sein. Der umzäunte Auslauf sollte ebenfalls groß genug sein, arttypisches Verhalten wie Scharren, Picken und Staubbaden ermöglichen sowie deinen Tieren Schutz in Form von Verstecken bieten.

Auf eine gute Nachbarschaft

Sprich vorher mit deinen direkten Nachbarn, vor allem, wenn du auch einen Hahn halten möchtest, denn die Geräuschbelästigung ist nicht zu unterschätzen. In manchen Wohngebieten können sogar spezifische Regelungen zur Haltung von Hähnen existieren. Kläre mögliche Bedenken deiner Nachbarn idealerweise im Vorfeld, um ein gutes nachbarschaftliches Verhältnis aufrechtzuerhalten. Zudem ist es nicht schlecht, wenn deine Nachbarn mit im Boot sind und ein Auge auf deine Hühner haben. Vielleicht ergibt sich sogar eine zuverlässige Urlaubsbetreuung im Austausch gegen Eier als Dankeschön.

‹ Hühnerhaltung ist auch ohne Hahn möglich. Dann führt eine Henne die Gruppe an.

˅ Hähne sind wachsam und krähen nicht nur morgens, sondern bei vermuteteter Gefahr auch öfter am Tag.

˄ Vorüberlegungen sind wichtig, denn es fällt oft schwer, die Hühner wieder abzuschaffen.

‹ Stall und Auslauf gehören zur Haltung dazu. Besser noch: mit Voliere.

Trotz Hühnern in den Urlaub?

→ Hühner vermissen dich nicht. Auch wenn sie ihrem Halter gegenüber zutraulich werden, ist das Wichtigste für sie der Sozialkontakt zu den anderen Hühnern in der Gruppe beziehungsweise die Hackordnung. Falls du also in den Urlaub fahren willst, brauchst du dir keine Sorgen zu machen, auch jeder andere Betreuer wird anstandslos akzeptiert.

Zwei Möglichkeiten

Bei der Urlaubsbetreuung gibt es zwei Möglichkeiten:

1. Du hast einen Betreuer, der sich um die Futter- und Wasserversorgung sowie das Eiersammeln kümmert und morgens und abends die Hühnerklappe öffnet beziehungsweise schließt. Aufwand: 2 x täglich 15 Minuten.
2. Wenn du übers Wochenende verreist, reicht es, wenn deine Urlaubsbetreuung einmal täglich nach deinen Hühnern sieht. Dies setzt jedoch eine halbautomatisierte Ausstattung voraus!

Dazu gehören:

- eine automatische Hühnerklappe, die dämmerungsgesteuert funktioniert,
- ein ausreichend großer Futterbehälter,
- ausreichende Wasserversorgung,
- genügend Lege- bzw. Abrollnester,
- ein raubwildsicherer Stall und Außenbereich.

In diesem Fall reicht eine einmal tägliche Kontrolle von Futter- und Wasserbehältern aus. Die Person wirft auch einen Blick auf die Hühner, ob alle da sind und ob sie gesund und munter wirken.

Eine elektrische Hühnerklappe ist eine enorme Erleichterung ... nicht nur im Urlaub.

Sie arbeiten dämmerungs- oder zeitgesteuert und durch moderne Sensoren wird kein Tier mehr eingeklemmt.

Mit wenig Zeitaufwand für einen Betreuer und etwas Vorbereitung kommen deine Hühner auch mal ohne dich ganz gut zurecht.

Vorbereitung

Vier Dinge, die du vor jeder Reise unbedingt noch erledigen solltest:

- Miste und reinige den Stall, bevor du fährst.
- Fülle die Futtervorratsbehälter auf.
- Erkläre, wo täglich frisches Wasser besorgt werden kann.
- Kontrolliere die Funktion der Hühnerklappe.

Gib der Person, die sich um deine Hühner kümmert, klare Anweisungen. Sie sollte über alle täglichen Aufgaben gut informiert sein. Dazu gehört auch das Sammeln der Eier. Viele übernehmen diese Betreuung erfahrungsgemäß gerne, wenn sie dafür mit frischen Eiern „bezahlt" werden.
Neben einer Liste der Aufgaben solltest du auch Kontaktdaten für den Notfall aufschreiben, falls unvorhergesehene Probleme auftreten. Das kann ein befreundeter Hühnerhalter sein und dein Tierarzt.
Falls Impfungen oder andere Behandlungen anstehen, führe sie möglichst rechtzeitig vor dem Urlaub durch.

Do!

Bei Temperaturen über 28 °C brauchst du jemanden, der mehrmals täglich nach deinen Hühner schaut, da sie sehr hitzeempfindlich sind!

Hühner und andere Haustiere

⟶ Hühner leben in vielen Fällen problemlos neben anderen Tieren her. Einige Dinge gilt es dennoch zu beachten:

Hunde

Hier kommt es auf den Hund an. Hat er einen stark ausgeprägten Jagdtrieb, kann es problematisch werden. Diese Hunde jagen die Hühner durch den Garten und es kann zu Verlusten kommen. Erfahrungsgemäß sind Hunde, die von klein auf Hühner kennenlernen konnten, entspannt im Umgang mit den Tieren. Mach es vom Verhalten deines Hundes abhängig, ob Hund und Hühner den ganzen Garten gemeinsam nutzen dürfen oder ob es besser ist, einen geschützten Bereich zu umzäunen. Dann sollte ein stressfreies Zusammenleben kein Problem sein.

Viele Hunde halten sich problemlos gemeinsam im Garten mit Hühnern auf, sofern sie schon als junger Hund daran gewöhnt wurden.

Kaninchen und Hühner beachten sich kaum, müssen aber mit unterschiedlichem Futter versorgt werden.

Katzen

Sie sind nur für junge Küken eine Gefahr. Küken sind jedoch in diesem Alter sehr wärmebedürftig und bleiben nahe bei der Glucke, die sie vehement verteidigt. Lässt du bei schönem Wetter eine Glucke mit ihren Küken nach draußen, behalte sie besser im Auge, wenn Katzen in der Nähe sind.

Kaninchen

In diesem Fall sind eher die Hühner das Problem. Ein gemeinsamer Auslauf kommt nur infrage, wenn deine Hühner die Kaninchen nicht bepicken! Das solltest du gut beobachten, da Hühner mit ihren Schnäbeln ordentliche Verletzungen hervorrufen können. Das zeigt sich ganz besonders, wenn es ums Fressen geht. Wenn du kein Risiko eingehen willst, hältst du die beiden Tierarten lieber getrennt.

Ziegen und anderen Nutztiere

Das klappt normalerweise problemlos. Hier ist eher die Größe der Fläche der limitierende Faktor. Schließlich sollen die anderen Tiere noch etwas vom Gras haben, ohne dass die Grasnarbe durch die Hühner zerstört wird.

Hast du's gewusst?

Halter von Enten oder Gänsen, die ihre Tiere auf Ausstellungen präsentieren möchten, sind sogar dazu verpflichtet, einige Hühner mit ihnen zusammenzuhalten. Ansonsten müssten sie ihre Tiere alle drei Monate auf das hochpathogene Influenzavirus beziehungsweise die Geflügelpest untersuchen lassen, denn das schreibt die Geflügelpest-Verordnung vor. Da Wassergeflügel im Falle einer Infektion erst sehr spät Symptome zeigt, müssen Hühner oder Puten in der Gruppe leben. Sie zeigen deutlich früher klinische Symptome an und verhindern als sogenannte Sentineltiere, dass wertvolle Zeit verloren geht. So wird eine Ausbreitung der Virusinfektion verhindert, da schneller reagiert werden kann.

Hühner und Wassergeflügel kann man zusammenhalten, so lange die Bedürfnisse von beiden erfüllt werden.

Die rechtliche Seite der Hühnerhaltung

⟶ Mit dem Kauf der Hühner kommen auch Formalitäten auf dich zu. Aber keine Sorge: Das ist nicht so aufwendig, wie es im ersten Moment klingt. Hintergrund all dieser Maßnahmen ist die Tierseuchenbekämpfung und die sollte jedem Geflügelhalter trotz Papierkram am Herzen liegen.

Anmeldung beim Veterinäramt

Es ist Pflicht, alle Hühner beim zugehörigen Veterinäramt anzumelden. Das gilt für alle – auch für private Hühnerhalter und ab dem ersten Huhn. Die Meldung beim Veterinäramt erfolgt aufgrund der Verordnung zum Schutz gegen die Verschleppung von Tierseuchen im Viehverkehr (ViehVerkV). Das Ziel ist, dass im Falle einer Tierseuche nachvollziehbar ist, wo die Tiere herkamen und wo sie hingegangen sind.

Du meldest an dein zuständiges Veterinäramt:

- Tierhalterdaten, also Name und Anschrift
- Jahresdurchschnitt der gehaltenen Tiere
- Nutzungsart
- Standort der Tierhaltung
- Haltungsform

Informationen und Meldeformulare bekommst du meist direkt auf der Website des zuständigen Veterinäramtes.

Die Meldung bei der Tierseuchenkasse muss jährlich wiederholt werden. Vorteil der Meldungen: …

… Du weißt immer genau, welche Tiere wie alt sind und hast meistens alles in weniger als 10 Minuten erledigt.

Ein wenig Papierkram vermeidet unnötigen Stress, falls doch mal Kontrollen vom Veterinäramt erfolgen.

Anmeldung bei der Tierseuchenkasse

Neben der Meldung beim Veterinäramt ist eine Meldung bei der Tierseuchenkasse deines Bundeslandes erforderlich. Die beiden Meldungen musst du getrennt voneinander machen, da die Daten zum aktuellen Zeitpunkt nicht weitergeleitet werden.

Die Meldepflicht bei der Tierseuchenkasse beruht auf dem Tiergesundheitsgesetz und dient der Sicherstellung einer effektiven Tierseuchenbekämpfung. Sind Bekämpfungsmaßnahmen, wie beispielsweise bei der Geflügelpest, erforderlich, stellt jeder nicht gemeldete Tierhalter ein Risiko für die Krankheitsverbreitung dar. Du kannst ohne Registrierung weder über Maßnahmen informiert werden noch stehen dir Entschädigungen oder Beihilfen zu.

Die Meldung bei der zuständigen Tierseuchenkasse ist in den meisten Fällen online möglich. Neben der Meldepflicht gibt es zurzeit in vielen, aber nicht allen, Bundesländern in Deutschland auch eine Beitragspflicht (Stand 2023).

Do!

Lege dir ein Stallbuch für die Dokumentation der wichtigsten Tierdaten zu.

Die Meldung bei den zuständigen Behörden ist in Deutschland ab der Haltung von einem Huhn Pflicht.

Bestandesregister

Das Bestandsregister ist Teil der Vorgaben für Geflügelhalter nach der Geflügelpestverordnung. Du musst also alle Neuzugänge, Abgabe von Tieren und Verluste in eine Tabelle eintragen. Da Hühner lebensmittelliefernde Tiere sind, ist man im Krankheitsfall dazu verpflichtet, die Anwendung von Tierarzneimitteln, die man vom Tierarzt bekommt, zu dokumentieren. Eingetragen werden:

- jede Anwendung von apotheken- und verschreibungspflichtigen Tierarzneimitteln,
- die Anzahl, Art und Identität der jeweils behandelten Tiere,
- der Standort der Tiere,
- die Art der Verabreichung und die verabreichte Menge des Tierarzneimittels,
- das Datum der Anwendung,
- die Wartezeit in Tagen für Eier und Fleisch,
- der Name der Person, die das Tierarzneimittel angewendet hat.

Außerdem muss das Bestandsbuch nach der letzten Eintragung noch fünf Jahre aufbewahrt und jederzeit vorgezeigt werden können.

Pflichtimpfung

In Deutschland ist die Impfung gegen die Newcastle-Krankheit verpflichtend für alle Hühnerhalter, dabei spielt die Bestandsgröße keine Rolle. Erfrage beim Kauf, ob die Tiere bereits geimpft sind, und sorge stets dafür, dass diese Impfung aufgefrischt wird und in deinen Unterlagen dokumentiert ist. Dann bist du auf der sicheren Seite.

Mein Stallbuch zum Download

Das Ganze hört sich aufwendiger an, als es ist. Über https://www.befluegelt.vet/stallbuch gelangst du zu meiner Stallbuchvorlage, die ich auch für meine eigenen Hühner verwende. Darin kannst du alles Wichtige eintragen und es gibt Tabellen, die du direkt zur Bestandsführung nutzen kannst.
Außerdem können darin auch alle wichtigen Adressen und Informationen zu deinen Hühnern eingetragen werden oder du kannst notieren, wie viele Eier sie täglich legen. So kannst du auf Aufforderung jederzeit alle relevanten Unterlagen vorlegen und vermeidest unnötige Aufregung.

Mein Stallbuch hilft dir, den Überblick zu behalten. Es ist als pdf Download erhältlich.

Zukäufe, Nachwuchs und Verluste müssen nach der aktuellen Geflügelpestverordnung dokumentiert sein.

Welche Hühner passen zu mir?

Hühnerrassen für den Anfang

Die Wahl der Hühnerrasse ist natürlich jedem selbst überlassen und die Geschmäcker und Platzverhältnisse sind sehr verschieden. Wichtig ist nur, dass man sich vorher gut informiert und sich sicher ist, dass die Hühnerrasse gut zu einem und dem jeweiligen Umfeld passt. Hier habe ich sechs Hühnerrassen aufgeführt, die sich erfahrungsgemäß sehr gut für die Ersthühnerhaltung im Garten eignen.

New Hampshire

Diese Hühnerrasse punktet durch ihre robuste Konstitution und ihre angenehme Persönlichkeit. Mit einem Gewicht von bis zu 3 kg sind sie mittelgroß und zeichnen sich durch ihre leuchtend rote Federfarbe aus. Hennen legen im Durchschnitt 200 bis 250 braune Eier pro Jahr, was sie zu zuverlässigen Lieferanten frischer Eier macht. Ihr freundliches Temperament und ihre Anpassungsfähigkeit machen sie zu einer

New Hampshire Hahn mit Henne

Schwedische Blumenhühner

beliebten Wahl für Geflügelhalter, sowohl für Anfänger als auch für erfahrene Hühnerhalter, die ihre Gruppe erweitern möchten.

Schwedische Blumenhühner

Die lebhaften und neugierigen Hühner gibt es in allen Farben. Typisch ist die gefleckte oder gesprenkelte Musterung im Gefieder. Sie erreichen ein Gewicht von 2 kg und legen etwa 200 cremefarbene Eier pro Jahr. Ihre verspielte Natur und die bunte Vielfalt ihres Gefieders machen Blumenhühner zu einer beliebten Rasse für Hühnerhalter.

Wyandotten

Die vielseitige Hühnerrasse zeichnet sich durch ihre kompakte Statur und den charakteristisch stark befiederten, rundlich wirkenden Stoß aus. Sie sind robuste Tiere und mit einem Gewicht von bis zu 3 kg mittelgroß. Sie legen durchschnittlich 200 bis 220 braune Eier pro Jahr. Ihre verschiedenen Farbschläge faszinieren mit einer ansprechenden Musterung. Für kleinere Gärten eignen sich Zwergwyandotten besonders gut. Wyandotten sind nicht nur produktive Eierlieferanten, sondern auch für ihre ruhige und freundliche Art bekannt. Das macht sie zu einer ausgezeichneten Wahl für Einsteiger.

Zwergwyandotten - orangefarbig gebändert

Vorwerkhühner

Sie fallen durch ihre charmante Erscheinung und ihre lebhafte Art auf. Mit ihrem schwarzen Halsgefieder und dem leuchtend goldbraunen Federkleid sind sie wahre Schönheiten. Die mittelgroßen Hühner erreichen etwa 2,5 kg Gewicht und legen durchschnittlich 180 bis 200 große cremefarbene Eier pro Jahr. Durch ihre lebendige und aktive Natur macht es viel Spaß, sie zu beobachten. Dank ihrer robusten Gesundheit und Anpassungsfähigkeit eignen sich Vorwerkhühner bestens für die Gartenhaltung, auch für Anfänger. Sie werden mittlerweile auch als Zwergrasse gezüchtet.

Mein Tipp

Wähle als Einsteiger zuerst eine Hühnerrasse für dich aus und beginne dann mit dem Stallbau. So kannst du alles genau auf die Bedürfnisse und die Größe anpassen, bevor die Hühner einziehen.

Vorwerkhenne

Zwei Sulmtaler Hennen

Sulmtaler

Sie fallen durch ihre imposante Erscheinung auf. Mit einem Gewicht von 3,5 kg (Hennen) bis 4,5 kg (Hähne) gehören sie noch zu den mittelgroßen Rassen. Die robusten Hühner legen im Durchschnitt 180 bis 200 braune Eier pro Jahr. Die hübschen Sulmtaler gibt es in den Farben Gold, Schwarz, Blau und Weiß. Ihre Schönheit, aber auch ihr ruhiges und freundliches Wesen, machen sie zu angenehmen Gartenbewohnern.

Sebright

Sie gehören zu den Kleinsten und erreichen ein Gewicht von durchschnittlich gerade mal 500 g. Benannt nach ihrem Züchter, entstand diese Rasse bereits vor gut 200 Jahren. Es gibt Sebrighthühner in den Farbschlägen Gold, Silber, Chamois und Zitron.
Die Hennen legen bis zu 80 cremeweiße Eier im Jahr und zeigen ein ausgeprägtes Brutverhalten. Zudem besticht diese Rasse durch ein außergewöhnlich friedliches und enges Gruppenverhalten. Mehrere Hähne können in einer Gruppe leben, ohne dass es zu blutigen Kämpfen kommt. Dies macht sie besonders attraktiv für alle, die gerne nachzüchten wollen, aber Sorge wegen der Hähne haben.

Sebrighthahn

Meine ersten Hühner

Womit starten?

Bruteier, Küken oder Junghennen? Für den Anfang ist es aus meiner Sicht ideal, Junghennen aufzunehmen. Sie können sich nach dem Kauf ein paar Wochen in Ruhe bei dir eingewöhnen und beginnen in der Regel anschließend stressfrei mit dem Legen der ersten Eier. Möchtest du gleich Eier sammeln, solltest du Hühner ab einem Alter von fünf bis sechs Monaten kaufen.

Küken selbst ausbrüten?

Das Ausbrüten von Hühnereiern ist ein aufregendes Projekt und zieht nicht selten die ganze Familie für 21 Tage in seinen Bann. Hühner selbst auszubrüten, würde ich Anfängern allerdings nicht empfehlen. Hier braucht es schon etwas Erfahrung und einen Plan, was im Anschluss mit den Hähnen geschieht, denn in der Regel schlüpfen immer auch mehrere Hähne. Früher oder später wirst du diese Hähne nicht mehr gemeinsam halten können, ohne dass sie einander bekämpfen. Auch deine Hennen reagieren massiv gestresst, wenn zu viele Hähne in der Gruppe sind. Sie werden meist viel zu oft von den Hähnen getreten (Paarung), sodass Verletzungen und Federverluste am Rücken keine Seltenheit sind.
Ich empfehle am Anfang erstmal ein Jahr nur ausgewachsene Hühner zu halten. So sam-

Die eigene Kükenaufzucht bringt eine Menge Freude, ist für Anfänger jedoch nicht zu empfehlen.

Ein Hahn führt die Hühnerschar an und verteidigt sie gegen Gefahren.

Selten: Sebrighthähne verstehen sich untereinander, sodass mehrere zusammen gehalten werden können.

melst du Erfahrungen als Hühnerhalter, bevor du dich darauf einlässt, Küken auszubrüten. Frag dich jedoch immer vorher, ob du den nötigen Platz, die Zeit und die Ressourcen hast, um Küken aufzuziehen.

Idealerweise hält man 3–10 Hennen zusammen mit einem Hahn. Sollten mehrere Hähne schlüpfen, brauchst du eine Alternative. Hast du Bekannte, an die du einen Hahn abgeben kannst? Bist du Selbstversorger und willst sie schlachten? Ich kann dir nur raten, vorher gut darüber nachzudenken, denn Hähne lassen sich sehr schlecht verkaufen. Das Angebot ist deutlich größer als die Nachfrage!

Mit oder ohne Hahn?

Ob du einen Hahn halten solltest, hängt davon ab, ob du Nachwuchs aufziehen möchtest. Wenn du „nur" Eier zum Essen haben willst, kannst du auf einen Hahn verzichten, denn Hühner legen auch ohne Hahn. Aber auch den Wunsch, natürliches Sozialverhalten zu beobachten, solltest du mit in deine Überlegungen einbeziehen. Es gibt natürlich auch Gründe, die für einen Hahn sprechen.

Was gegen einen Hahn spricht

Zum einen häufig die Nachbarschaft, denn Hähne krähen … und das oft ziemlich laut. Vor der Anschaffung ist ein Gespräch mit deinen Nachbarn sinnvoll, um später Ärger zu vermeiden. Zum anderen können Hähne manchmal aggressiv sein, da sie ihre Hühner verteidigen. Dies hängt jedoch stark vom Hahn ab und ist nicht vorhersehbar. Sein Verhalten ist weder rassetypisch noch genetisch bedingt, sondern hängt vom Stresslevel ab.

Was für einen Hahn spricht

Für ihn spricht, dass Hennen mit Hahn oft friedlicher und harmonischer zusammenleben. Hühner haben recht strenge Hackordnungen und ein Hahn führt die Gruppe dementsprechend gut an. Zudem schützt er seine Hühnerschar. Natürlich ist ohne Hahn auch keine eigene Nachzucht möglich. Wenn du selbst einmal Küken ausbrüten möchtest, müsstest du ohne Hahn Bruteier kaufen.

Mein Tipp

Brüte selbst nur Küken aus, wenn du ausreichend Zeit, Platz und Ressourcen hast und wenn du weißt, was später mit den Hähnen passieren soll.

Hühner kaufen

⟶ Wenn du eine bestimmte Rasse im Auge hast, solltest du dich an einen passenden Geflügelzüchter wenden. Diese sind häufig in Vereinen organisiert. Aber auch andere Hobbyhalter geben schon einmal Nachzuchten ab. Steht der Entschluss fest, solltest du dir im Vorfeld Gedanken machen, was du über die Tiere wissen willst, damit später keine Unklarheiten aufkommen.

Neue Hühner zukaufen

Quarantäne

Möchtest du deine Hühnerschar später erweitern, sollten die Neuzugänge unbedingt 10 – 14 Tage in einem Quarantänebereich/Quarantänestall verbringen. So kannst du sie genau beobachten und gegebenenfalls behandeln, ohne dass die anderen Hühner sich anstecken.

Check: Die 6 wichtigsten Fragen an den Hühnerverkäufer

- **Welche Rasse ist das? (bei Mix-Hühnern: Welche Kreuzung liegt vor?)**
  Das ist vor allem bei Jungtieren relevant, um zu erfahren, wie groß und schwer sie werden. So kannst du den Platzbedarf und die Anzahl der Tiere für deinen Stall und Garten abschätzen.
- **Wie alt sind die Tiere?**
  Schlupfmonat und -jahr solltest du kennen, um später Legeleistung, Gewicht und Verhalten besser einschätzen zu können. So kannst du auch Gesundheitsprobleme und Mangelerscheinungen, die nur bei bestimmten Altersgruppen auftreten, ausschließen.
- **Was haben die Hühner bisher gefressen?**
  Plötzliche Futterumstellungen führen häufig zu Durchfällen und Dysbakteriosen nach dem Kauf. Idealerweise fütterst du erst mal wie gewohnt weiter und stellst, falls gewünscht, langsam das Futter um.
- **Sind die Tiere an eine Außenhaltung gewöhnt?**
  Wenn nicht, solltest du sie in den ersten Tagen nach dem Transport in einem geschützten Bereich halten. Küken benötigen bis zur 5. Woche eine Wärmequelle und müssen im Innenraum bleiben, wenn keine Glucke vorhanden ist.
- **Welche Impfungen haben die Hühner?**
  Das hilft deinem Tierarzt, schneller zu einer Diagnose zu kommen und schützt sie vor klinischen Symptomen. Zudem ist die Impfung gegen die Newcastle-Krankheit in Deutschland verpflichtend.
- **Sind die Tiere entwurmt?**
  Wenn ja, ist erstmal keine Entwurmung notwendig. Wenn nicht, solltest du nach dem Kauf eine Kotprobe untersuchen lassen. Besonders wichtig ist das bei Zukäufen von Jungtieren. Sie gibt Aufschluss über den aktuellen Parasitenstatus.

Junghennen legen noch nicht. Die ersten Eier sind erst ab der 20.–24. Lebenswoche zu erwarten. Erfrage also das Alter, damit du weißt, wann es losgeht.

Gesunde Hühner lassen sich schneller und deutlich unkomplizierter in den Bestand eingliedern, da sie viel stressresistenter sind, wenn es darum geht, ihren Platz in der Hackordnung zu finden.

Gesundheitscheck beim Altbestand

Während die Neuzugänge sich in Quarantäne befinden, solltest du auch deinen bisherigen Bestand einem ausführlichen Gesundheitscheck unterziehen. Denn sollten die vorhandenen Hühner erkrankt sein, können sie auch die neuen anstecken.

Stallreinigung

Bevor die Eingliederung stattfindet, ist der ideale Zeitpunkt, um eine gründliche Stallreinigung und Desinfektion durchzuführen. So vermeidest du übermäßige Belastungen des Immunsystems. Du solltest im Hinterkopf behalten, dass sich die neuen Tiere in den ersten Tagen in einer Stresssituation befinden. Gestresste Tiere gelten in der Regel als deutlich krankheitsanfälliger.

Eingliederung im Stall

Hühner sind nicht gerade zimperlich untereinander und ein einzelnes neues Tier würde arg gepickt. Nimm daher immer mehrere Hühner auf einmal auf und nie eines allein!

Die Eingliederung in die bestehende Hackordnung dauert manchmal mehrere Wochen. In dieser Zeit kommt es zu Auseinandersetzungen, Bepicken und Unruhe. Fließt allerdings Blut, ist das nicht mehr normal.

Do!

- Setze die neuen Tiere abends im Dunkeln mit auf die Sitzstange. Am nächsten Tag ist der Umgang miteinander häufig gemäßigter, wenn die Tiere zusammen aufwachen.
- Alternativ kannst du die Fenster in deinem Stall so abdunkeln, dass eine Dämmerlicht-Atmosphäre entsteht. Die Hühner bleiben 1–2 Tage bei Schummerlicht im Stall und bekommen ausreichend Beschäftigungsmaterial. Die dunklere Atmosphäre beruhigt sie und die Eingliederung geht oft schneller und entspannter vonstatten.
- Sollte dies nicht möglich sein, kannst du die Neuzugänge zunächst mit einem Zaun von den anderen Hühnern trennen, sodass Sichtkontakt besteht.

Hühner im Garten

Artgerechte Haltung

Der Hühnerstall

Platzbedarf

Hühner sind gesellige Tiere und fühlen sich in der Gruppe am wohlsten. Daher solltest du immer mindestens 3 – 4 Hennen halten, gegebenenfalls mit einem Hahn.

Der Stall

Möchtest du mit einer kleinen Schar von vier Tieren beginnen? Dann rechne für den Stall mit mindestens 2 m^2 plus Vorraum für Futterlager und Gerätschaften. Außerdem müssen eine Sitzstange, Legenester sowie Futter- und Wasserbehälter untergebracht werden. Denke bei der Planung daran, dass ausreichend Bewegungsfreiheit für dich selbst vorhanden ist, sonst verlierst du schnell die Lust am Saubermachen. Viele unterschätzen den Mehraufwand, den man braucht, wenn kein Platz vorhanden ist, um vernünftig arbeiten zu können. Daher ist die Stallhöhe idealerweise so, dass du bequem aufrecht stehen kannst oder der Stall begehbar ist.

Dieser Hühnerstall ist ein umgebautes Kinderspielhaus. Ein Vorraum hat sich bewährt, noch besser wäre ein geschlossener Raum zur Futteraufbewahrung.

Dieser Hühnerstall ist Marke Eigenbau und für vier Hennen gemacht. Er lässt sich zum Putzen aufklappen.

Gerade bei mobilen Ställen ist es wichtig darauf zu achten, dass der Stall immer im Schatten steht.

Der Standort

Den Standort für den Hühnerstall solltest du mit Bedacht wählen. Ideal ist es, wenn er nicht den ganzen Tag in der prallen Sonne steht, vor allem im Sommer, sonst heizt er sich zu stark auf. Die Fenster sollten nach Osten und Westen ausgerichtet sein, damit deine Hühner im Winter möglichst lange Licht haben. Zudem sollte er nicht an einer zugigen Ecke aufgestellt werden, da sonst der Wind durch jede Ritze pfeift. Auch mögliche Schneedachlawinen im Winter solltest du ausschließen, falls dein Hühnerstall und die Voliere an ein Gebäude grenzen.

Anforderungen an den Stall

Ob du den Hühnerstall selbst baust oder ein fertiges Hühnerhaus kaufst, bleibt dir überlassen. Wichtig ist, dass der Stall stabil ist und den Hühnern ausreichend Schutz vor Raubwild bietet. Meiner Erfahrung nach sind Bausätze aus dünnem Holz aus dem Baumarkt nur eine vorübergehende Lösung. Sie halten nicht lange und sind meist nicht isoliert. Außerdem sind sie oft zu klein, haben keine ausreichende Belüftung und bieten nicht genügend Schutz vor Raubwild. Oft sind sie schwierig zu reinigen und können dir schnell die Freude an deinen Hühnern verderben. Prüfe deshalb die Angebote sorgfältig, falls du nicht selbst bauen oder einen Schuppen umgestalten möchtest! Idealerweise ist dein Hühnerstall doppelwandig oder sogar ganz isoliert, damit er besonders heiße und kalte Wetterbedingungen ausgleicht. Er soll eine artgerechte Unterbringung ermöglichen, deine Hühner vor schlechter Witterung schützen und eine sichere Schlafmöglichkeit bieten.

Der ideale Hühnerstall ist also:

- nicht zu klein, aber auch nicht zu groß
- hell
- trocken
- sicher
- gut belüftet
- zugfrei
- leicht zu reinigen

Mein Tipp

Es lohnt sich nicht, beim Stallbau Kompromisse einzugehen. Der Hühnerstall ist die Basis für dauerhaft gesunde Hühner im Garten.

Der Boden

Er ist idealerweise aus Beton oder aus Multiplexplatten und etwa 50 cm erhöht. So lässt er sich gut reinigen und hält schädliche Nager wie Ratten und Mäuse ab. Zudem solltest du Ritzen jeder Art vermeiden, da sie ideale Rückzugsorte für Milben sind. Eine Erhöhung auf Stelzen hat den Vorteil, dass du gleichzeitig einen Schattenplatz für deine Tiere schaffst, indem sie sich unter den Stall zurückziehen können.

Die Stelzenbauweise des Hühnerstalls bietet Schutz und zusätzliche Schattenplätze im Sommer.

Die Wände

Material: Nutze Holz oder Sandwichplatten für eine sinnvolle Isolierung. Achte auch hier darauf, dass möglichst keine Ritzen oder Fugen auf der Stallinnenseite entstehen!

Das Dach

Bewährt haben sich ein Pult- oder ein Spitzdach. Du kannst Dachpappe (Biberschindeln) als äußere Schicht verwenden, das reicht vollkommen aus. Von innen sollte es mit Sandwichplatten oder einer doppelwandigen Bauweise isoliert sein.

Fenster

Die Fenster bringst du idealerweise in Ost- und Westausrichtung an, dadurch haben deine Hühner im Winter möglichst lange Licht. Achte jedoch auf die Hauptwindrichtung, damit es nicht zieht. Vermeide Fenster an der Südseite, da der Stall sich im Sommer sonst zu stark aufheizt.

Die richtige Isolierung

Dämme deinen Hühnerstall. Die Temperaturen im Stall sollten möglichst nicht unter 0 °C sinken. Machbar ist dies durch eine doppelwandige Bauweise. Hierzu kannst du Holz – Isolierwolle – Holz verbauen oder Sandwichplatten in unterschiedlicher Stärke nutzen.

Die Stallgröße

Die Stallgröße sorgt immer wieder für Missverständnisse. Die Tiergesundheit kann auch durch einen zu großen Stall erheblich leiden, denn die Tiere können sich bei zu viel Fläche nicht mehr ausreichend gegenseitig wärmen. Es kommt schnell zu Stoffwechselproblemen und Atemwegserkrankungen, denn die Körpertemperatur der Hühner liegt mit 41 °C höher als bei uns. Der Kraftaufwand zur Temperaturerhaltung ist dementsprechend höher. Idealerweise werden pro Quadratmeter drei bis fünf kleine oder zwei bis vier mittelgroße Hühner gehalten.

< Ausreichend Tageslicht sorgt für eine gute Legeleistung und Wohlbefinden.

∨ Biberschindeln sind kostengünstig und eignen sich sehr gut für das Hühnerstalldach.

∧ Der Hühnerstall sollte nicht zu groß sein. Pro Quadratmeter kann man 3 – 5 Zwerghühner oder 2 – 4 mittelgroße Hühner einplanen.

< Mehrere abtrennbare Abteile sind bei einem Eigenbau empfehlenswert, so kann man Glucken oder verletzte Tiere auch mal isolieren und ihnen Ruhe gönnen.

Die richtige Belüftung

⟶ Eine vernünftige Belüftung ist aus meiner Sicht eines der wichtigsten Dinge für die Tiergesundheit. Wenn sie nicht ideal ist, treten Probleme auf. Bedenke, dass sich die Verhältnisse nachts schnell ändern können!
Im Hühnerstall sitzen die Tiere nachts auf relativ kleinem Raum zusammen. Der CO_2-Gehalt in der Luft steigt an und erhöht die Luftfeuchtigkeit. Zudem erfolgt nachts ein Großteil des täglichen Kotabsatzes. So entstehen unangenehme Gerüche und eine Reizung der Atemwege durch den erhöhten Ammoniakgehalt.

Es gelten drei grundlegende Dinge:

- Das Prinzip „Fenster auf, frische Luft rein" funktioniert nicht. Ein ständiger Luftaustausch ist für ein gesundes Stallklima unbedingt erforderlich.
- Kalte Luft fällt nach unten, warme Luft steigt nach oben.
- Je wärmer die Luft ist, desto mehr Feuchtigkeit nimmt sie auf, desto schneller wird es feucht im Stall! In feuchter, warmer Luft fühlen sich die meisten Viren, Bakterien und Parasiten wohl und vermehren sich rasant.

Hier siehst du einen Hühnerstall mit Spitzdach und idealer Luftführung. Die Sitzstangen werden an der hinteren Wand angebracht.

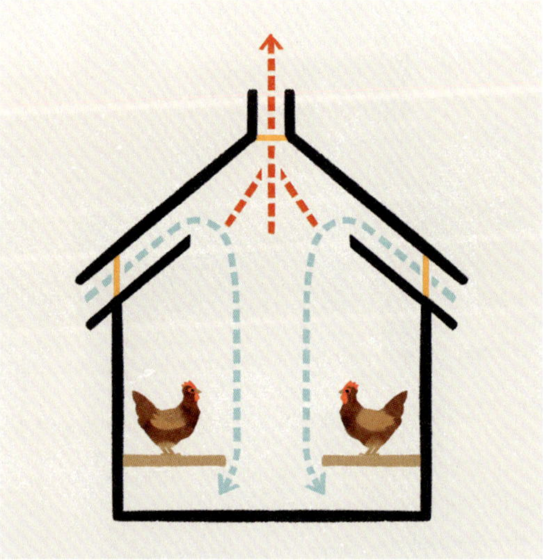

Hast du die Sitzstangen seitlich positioniert, empfehle ich dir, eine Zwischendecke oder Lüftungsrohre, die die kühle Luft von den Tieren weglenken, einzubauen.

Die Fenster sollten nur im Sommer ganz geöffnet werden, wenn Lüftungsschlitze eingebaut sind.

Die Abluft muss nicht mittig abgeführt werden. Das kann auch durch Schlitze oben an der Stallrückwand erfolgen.

Deshalb muss es im Stall Lüftungsschlitze geben, durch die kältere Luft hineinkommt und die erwärmte Luft samt Feuchtigkeit und Schadgasen austritt. Ein stetiger Luftaustausch ohne Zugluft ist ideal.

Wichtig

Feuchte Stallluft siehst du vor allem an ständig feuchter Einstreu. Manchmal sind auch die Wände feucht und die Fensterscheiben beschlagen. Durch regelmäßiges Lüften kannst du etwas Abhilfe schaffen, wenn die Hühner draußen sind. Langfristig solltest du die Belüftung am Hühnerhaus optimieren. Sonst tritt das Problem – die Sommermonate ausgenommen – nachts immer wieder auf.

Mein Tipp

Um die Lüftung an die Wetterbedingungen, aber auch an eine wechselnde Anzahl von Hühnern anzupassen, empfehle ich regulierbare Belüftungsöffnungen.

Geschlossen sollten die Lüftungsklappen nie sein (auch nicht nachts). Sind sie regulierbar, kannst du sie je nach Außentemperatur passend öffnen.

„Das hätte ich gern vorher gewusst“

⟶ Diese Dinge hätten die meisten Hühnerhalter gern im Vorfeld gewusst:

Offene Ritzen im Hühnerstall

Der Befall mit der Roten Vogelmilbe ist eines der größten Probleme für Hühnerhalter. Jeder wird früher oder später mit diesen Parasiten in Kontakt kommen beziehungsweise einen Befall in seinem Stall erleben. Die Milben besiedeln liebend gerne jede noch so kleine Ritze im Hühnerstall. Darum ist es immens wichtig, dass du möglichst keine rauen Oberflächen oder Ritzen und Spalten im Stall hast. Nebenbei fällt die Reinigung so auch deutlich leichter.

Heizung

Heizen brauchst und solltest du deinen Stall nicht. Wenn er doppelwandig gebaut oder gut isoliert ist, gibt es meiner Erfahrung nach auch bei Minustemperaturen keine Probleme. Hühner kommen mit Kälte gut zurecht, im Gegenteil, sie sind sehr hitzeempfindlich! Darauf solltest du unbedingt dein Augenmerk beim Bau legen.
Schon im Herbst gewöhnen sich die Tiere langsam an die kühleren Temperaturen und ihr Stoffwechsel passt sich der Kälte an. Wie schon erwähnt, gilt es, den Stall lediglich frostfrei zu halten. Ein starkes Aufheizen ist nicht erforderlich. Der Temperaturunterschied zwischen Innen- und Außentemperatur sollte bei ausgewachsenen Hühnern nicht mehr als 5 °C betragen.
Rotlichtlampen eignen sich nicht zum Heizen, da sie die Wärme punktuell abgeben und zu hell sind. Dadurch wird der Tag-Nacht-Rhythmus der Hühner gestört. Auf zusätzliche Wärmequellen solltest du also verzichten.
Besser ist es, den Fokus auf die Isolierung zu legen. Kommt das Huhn aus einem stark aufgeheizten Stall in den kalten Winterauslauf, drohen Atemwegserkrankungen. Die können beim Geflügel aufgrund des empfindlichen Luftsacksystems schnell lebensbedrohlich werden.

Möglichst glatte Wände ohne Fugen und Ritzen beugen dem Befall mit der roten Vogelmilbe vor.

Sichere Hühnerklappe

Die Hühnerklappe sollte von innen zu verriegeln sein, niemals von außen. Füchse, Marder und andere Fressfeinde sind schlau und verschaffen sich sonst Zugang. Hast du eine Klappe, die manuell hochgezogen wird, ist es zudem äußerst sinnvoll, an der Unterkante eine Leiste anzubringen. Sie soll verhindern,

Mit Eiern ist bei Rassegeflügel nicht das ganze Jahr über zu rechnen. Trotz großer Freude am Eiersammeln: ...

... Du solltest deinen Hennen eine Legepause gönnen. Das fördert die Lebenserwartung und die Gesundheit.

dass Räuber mit ihren Krallen unter die Klappe greifen und sie hochschieben können.
Die Größe der Klappe sollte so angelegt sein, dass deine Hühner bequem aufrecht hindurchgehen können, größer sollte sie jedoch auch nicht sein. Bringe die Klappe an der windabgewandten Seite an, so vermeidest du Zugluft im Stall.
Praktisch sind elektrische Hühnerklappen. Sie sorgen dafür, dass du ausschlafen kannst oder dass deine Hühner im Winter beim Einsetzen der frühen Dämmerung geschützt sind.
Aber: Sie ersetzt niemals deine abendliche Kontrolle! Nicht immer sind alle rechtzeitig in den Stall zurückgekehrt, bevor die Klappe schließt. Fehlt ein Huhn, musst du es suchen und in den Stall bringen. Draußen ist es nicht sicher, weil die meisten Fressfeinde während der Dämmerung aktiv sind.

Eier

Im Winter legen Hühner weniger bis keine Eier, da die Tageslichtdauer zu kurz ist. Etwa im März steigern sie die Eierproduktion wieder. Deshalb ist es sinnvoll, Voliere und Fenster im Stall so zu platzieren, dass die Tiere möglichst lange Tageslicht bekommen, wenn du möglichst lange Eier haben möchtest. Künstliches Licht im Stall ist aus meiner Sicht gerade in der Hobbygeflügelhaltung nicht zu empfehlen. Damit verlängerst du zwar den Tag und bekommst weiterhin Eier, doch die natürliche Pause für den Legedarm der Hennen wird genommen. Das führt vermehrt zu gesundheitlichen Problemen und unter Umständen zu einer verkürzten Lebensdauer der einzelnen Henne. Bei Legehybriden sieht das anders aus. Sie legen täglich ein Ei und sind sogar auf ausreichend Licht angewiesen, auch im Winter.

Praktisch: Eine elektrische Hühnerklappe, die sich dämmerungsgesteuert öffnet und schließt.

Do!

Die Hühnerklappe ist auch Eintrittspforte für Spatzen. Ihre Anwesenheit und ihr Kotabsatz in Hühnerstall erhöhen das Risiko der Krankheitsübertragung. Ein Kettenvorhang kann das Problem verhindern.

Stalleinrichtung

Aufteilung der Fläche

Sitzstangen sind im hinteren Stallbereich am besten aufgehoben, entweder seitlich angebracht oder an der Rückwand. Darunter kommt das Kotbrett und der darunter entstehende Raum ist ideal für die Legenester. Diese sollten sich am ruhigsten Ort im Stall befinden und etwas abgedunkelt liegen. Im vorderen Bereich befindet sich eine Freifläche, auf der Futter und Wasser angeboten werden. Den Vorraum solltest du baulich vom eigentlichen Hühnerstall trennen. Hier kannst du dein Futter hygienisch lagern.

Sitzstangen, Legenester & Co

Hühnerstange

Material Sitzstangen für Hühner sind idealerweise aus Holz. Das Material ist natürlich, warm und griffig. Achte wie bei allen Materialien darauf, dass sie unbehandelt sind.

Maße Die Sitzstange sollte groß genug sein, damit all deine Hühner Platz darauf haben. Rechne pro Huhn mit gut 20 cm. Sie sitzen gerne alle zusammen nebeneinander auf einer Stange. Achte darum beim Hühnerstallbau vorab auf das richtige Maß für die geplante

Der kleine Bauwagen wurde extra für Gartenhühner vom Holz Hannes konzipiert.

Im Inneren sieht man die Sitzstangen und das herausziehbare Kotbrett, damit man es gut reinigen kann.

Seidenhühner nutzen in der Regel keine erhöhten Sitzstangen, sie mögen ein eingestreutes Sitzbrett.

Mein Tipp

Wenn du mehrere Sitzstangen in deinem Stall anbringen möchtest, sollten sie auf gleicher Höhe sein. Sonst wollen alle Hühner auf der oberen Stange sitzen und es kommt abends zu Unruhe und Streitigkeiten.

Anzahl an Tieren und sei ruhig etwas großzügiger mit deiner Berechnung. Denn du kannst mir glauben: Es kommt immer das ein oder andere Huhn dazu.

Höhe Die Sitzstange wird in einer Höhe von 40 bis 70 cm angebracht. So können die Hühner allein hochfliegen und sie ist ausreichend hoch, damit sie sich sicher fühlen. Achte darauf, dass die Stange 40 bis 50 cm von der Rückwand entfernt ist.

Durchmesser Der Durchmesser der Hühnerstange sollte so dick sein, dass deine Hühner ihre Zehen bequem um sie herumlegen können. Das sind normalerweise je nach Rasse zwischen 4 und 5 cm. Die Form ist idealerweise achteckig-rund oder achteckig-quadratisch (siehe Abbildung), denn scharfe Kanten sorgen für eine ungleiche Belastung der Zehen und begünstigen Fußballen- und Gelenkentzündungen.
Hältst du Seidenhühner, benötigst du für sie ein Sitzbrett oder ein Nest mit sauberer Einstreu als Schlafplatz. Seidenhühner bleiben in der Regel auch nachts lieber am Boden.

Sitzstangen sollten immer achteckig-rund oder achteckig-quadratisch sein, nie rund oder scharfkantig.

Kotbrett

30 cm unterhalb der Sitzstange bringst du am besten das sogenannte Kotbrett an. Dies ist ein flaches, breites Brett, das glatt und leicht zu reinigen ist. Dadurch verhinderst du, dass die Einstreu in diesem Bereich verkotet wird. Dementsprechend musst du weniger misten und du hast den Kotabsatz immer Blick. So kannst du z. B. Durchfallerkrankungen frühzeitig erkennen.

> Du benötigst nicht für jedes Huhn ein Legenest. Eins ist für 4 – 5 Hennen ausreichend.

∨ Kunststoffnester sind schnell zu reinigen und bieten der roten Vogelmilbe kaum Unterschlupf.

∧ Ein überdachtes Staubbad bietet auch im Winter und bei schlechtem Wetter die Möglichkeit zur Körperpflege und Parasitenabwehr.

> Verschiedene Einstreuvarianten von links nach rechts: Stroh (nicht empfohlen), Hobelspäne, Strohpellets, Hanf und Strohgranulat.

Legenester

Die Nester werden beim Bau an einem ruhigen und geschützten Ort im Hühnerhaus platziert. So fühlen sich deine Hühner sicher und suchen sie gerne auf. Die meisten Hennen sind nicht sehr wählerisch: Es kann ein gekauftes Legenest sein, aber auch verschiedene Kisten oder Plastiktröge anderer Tierarten werden dankend angenommen. Hauptsache, die Größe stimmt und es ist bequem eingestreut.
Für mittelgroße Hühner haben sich die Maße L 40 x B 30 x H 30 cm bewährt. Für Zwerghühner sind L 30 x B 30 x H 30 cm gute Nestgrößen, in denen sich die Hühner wohlfühlen. Die Füllung sollte aus Heu, Spänen, Nestkräutern oder Dinkelspelzen beziehungsweise einer Mischung daraus bestehen. Meistens teilen sich vier bis fünf Hennen ein Legenest.

Einstreu

Saugfähige Einstreu trägt entscheidend zum guten Stallklima bei. Durch sie bleibt dein Stall trocken und die Hühner können bequem in der lockeren Einstreu scharren und picken. Ideal sind Holzspäne, Strohpellets, Strohgranulat oder Hanfeinstreu. Sie nehmen die Feuchtigkeit gut auf und verhindern, dass Parasiten wie die Rote Vogelmilbe die Gelegenheit haben, sich in einzelnen Halmen zu verstecken, so wie es bei Stroh häufig der Fall ist. Daher sind Stroh und auch Strohhäcksel keine sinnvolle Option.

Staubbad

Ein Staubbad sollte immer zur Verfügung stehen. Es beugt Parasiten vor und sorgt dafür, dass die Hühner sich wohlfühlen. Plane den Platz für das Staubbad beim Hühnerstallbau mit ein, so bekommt es einen trockenen Platz und kann auch bei schlechtem Wetter genutzt werden. Alternativ kannst du im Auslauf oder in der Voliere ein überdachtes Staubbad anbieten. Auch das wird gerne angenommen. Stelle eine Kiste mit einer Grundfläche von mindestens 80 x 50 cm an einem geeigneten Ort auf. Optimal wäre 1 m². Ihre Höhe sollte 30 bis 40 cm betragen.
Fülle sie zur Hälfte mit Sand, ein Viertel mit Holzasche und ein Viertel mit Kieselgur. Natürlich kannst du auch fertigen „Badesand" verwenden, der mittlerweile im Handel erhältlich ist.

Ein Staubbad gehört zur täglichen Körperpflege und sollte den Hühnern stets ermöglicht werden.

Oft wird minutenlang das ganze Gefieder eingestäubt. Ein Indikator für absolutes Wohlbefinden.

Futteraufbewahrung und Gerätschaften

Futter richtig lagern

Die richtige Lagerung des Hühnerfutters sowie der Futtersnacks ist besonders wichtig und wird häufig unterschätzt. Durch eine falsche Lagerung kommt es nicht selten zu Qualitätsmängeln, es entstehen beispielsweise Schimmeltoxine im Futter oder die Vitamine gehen verloren. Das wiederum kann zu andauernden Verdauungsproblemen und Mangelerscheinungen führen. Falsche Futterlagerung wird dabei oft als Problemverursacher vergessen. Das Hühnerfutter kann in der Nähe des Hühnerstalls bzw. in einem Vorraum gelagert werden. Wichtig ist, dass es weder der Sonne ausgesetzt ist noch schimmeln oder von Ungeziefer bzw. Schadnagern angefressen werden kann.

Es ist praktisch und hygienischer, ein kleines Set an Gerätschaften nur für den Hühnerstall zu kaufen.

Sinnvolle Gerätschaften

Hier eine kleine Checkliste an sinnvollen Helferlein im Hühnerstall zur täglichen Reinigung:

- Ein Körbchen zum Eiersammeln
- Futterschaufel
- Großer Kescher
- Bürste
- Besen
- Handfeger und Kehrblech
- Schaufel
- Kotschaber
- Schwammtuch
- Handschuhe
- Mundschutz
- Reinigungsmittel (alkalische Reiniger, geruchsneutral)
- Desinfektionsmittel für Hühnerställe

Das Wichtigste bei der Futterlagerung sind fest verschließbare und leicht zu reinigende Futterbehälter.

Sowohl Insekten als auch Mäuse und Ratten sind in der Lage, als Überträger für viele verschiedene Erkrankungen zu dienen.
Das Futter sollte daher am besten in fest verschließbaren Kunststoff- oder Metalltonnen gelagert werden. Sie sorgen außerdem dafür, dass das Futter vor Feuchtigkeit und direkter Sonneneinstrahlung geschützt ist.
Die Lagerung des Hühnerfutters in Papiersäcken oder Tüten in der Nähe des Hühnerstalls ist unbedingt zu vermeiden.

Mein Tipp

Ich verwende eine Klobürste oder eine runde Spülbürste, um die Stülptränken schnell und einfach zu reinigen, denn sie passen genau in die Trinkrinne.

Der Auslauf für deine Hühner

→ Hühner benötigen Auslauf und tagsüber durchgehend eine Möglichkeit, ihrem natürlichen Verhalten nachzugehen. Sie scharren, picken und lieben Staubbäder. Du kannst entweder deinen gesamten Garten als Auslauf nutzen oder ein Hühnergehege abtrennen. Ein grasbewachsener Auslauf mit Baum- und Buschbestand ist der optimale Lebensraum für Hühner und sollte vorhanden sein.

Hühnergehege

Der Auslauf ist von entscheidender Bedeutung für das Wohlbefinden und die Zufriedenheit deiner Hühner. Sie wollen zu jeder Jahreszeit einen Großteil des Tages im Freien verbringen und nutzen das Hühnergehege dementsprechend intensiv, um ihren arttypischen Aktivitäten nachzugehen. In der Regel sind gesunde Hühner, ihrem Instinkt folgend, ständig auf der Suche nach Insekten, Kräutern, Samen und Beeren. Dazwischen ruhen sie im Schatten unter Sträuchern oder nehmen ihr tägliches Staubbad zur Reinigung des Gefieders.

Platzangebot und Gestaltung

Größe des Auslaufs

Zur Größe des Auslaufs findet man häufig Angaben von 5 - 20 m² Auslauffläche pro Huhn. Ich rate dir eher groß zu bauen, und zwar aus mehreren Gründen:

- Die Grasnarbe leidet durch die scharrenden Hühner stark, wenn der Auslauf kleiner ist.
- Erfahrungsgemäß ist es so, dass Hühnerhalter ihre Hühnerschar im Lauf der Zeit vergrößern möchten. Daher ist es sinnvoll, den dann benötigten Platz bereits zur Verfügung zu haben.

Der Zaun

Die Zaunhöhe sollte je nach Rasse und Flugaktivität der Hühner zwischen 1,25 m und 2 m liegen. Genauer gehe ich im Kapitel Fuchs, Marder und Greifvögel darauf ein (siehe Seite 50).

Die Bepflanzung

Hier eignen sich besonders robuste und ungiftige Stauden, Bäume, Gräser und Kräuter, die Schutz und Schatten bieten. Es eignen sich beispielsweise Haselnuss, Johannisbeere, Weißdorn, Trauerweide oder Felsenbirne. Folgende Tipps gelten für ein grünes und gut bepflanztes Gehege:

- Schütze neue Pflanzen möglichst lange (mindestens ein Jahr) an der Wurzel. Dies gelingt durch Steine oder andere Abdeckungen, die deine Hühner nicht wegscharren können. Das passiert sonst ziemlich schnell.
- Löcher im Auslauf kannst du direkt wieder auffüllen und Gras einsäen. Falls du keinen Wechselauslauf hast: Damit das Gras anwachsen kann, decke es zum Schutz mit Drahtgeflecht ab, bis die Grasnarbe stabil und kräftig ist.
- Überständiges, langes Gras wird nicht so gern aufgenommen. Dadurch bleibt der Auslauf lange grün.

< Weißdorn ist robust, spendet Schatten und blüht im zeitigen Frühjahr.

∨ Haselnuss wächst schnell und bietet eine gute Versteckmöglichkeit. Anfangs werden die Wurzeln geschützt.

∨ Johnnisbeeren sind in vielen Varianten erhältlich, spenden Schatten und sind unbedenklich für die Hühner.

∧ Die Trauerweide wächst schnell und ihre langen hängenden Äste bieten gute Versteckmöglichkeiten.

Mein Tipp

Wenn du genug Platz hast, unterteile das Gehege in zwei Wechselausläufe, damit sich die Grasnarbe zwischendurch erholen kann.

> Geschützter Platz mit guter Aussicht – solche Unterstände im Auslauf werden gerne angenommen.

∨ Die Anbringung von verschiedenen Aufsitzmöglichkeiten in der Voliere ist ideal.

∧ Achte zum Schutz vor Raubwild auf punktverschweißten Volierendraht mit einer Maschenweite von 10 – 13 mm.

> Voliere aus Stangenstecksystem und punktverschweißtem Volierendraht.

Unterstände, Versteckmöglichkeiten und Windschutz

Freie offene Flächen werden ungern aufgesucht, sind also verschenkter Platz. Für das Wohlbefinden der Hühner ist es entscheidend, im Auslauf angemessene Schutzmöglichkeiten und Verstecke bereitzustellen. Gerade zu Beginn der Hühnerhaltung, wenn die Büsche und Sträucher im Gehege noch nicht angewachsen sind, haben sich Unterstände und Versteckmöglichkeiten aus Holz bewährt. Sie dienen als Rückzugsorte bei stärkeren Regenfällen oder bei intensiver Sonneneinstrahlung und sollten ausreichend Platz bieten. Du kannst sie aus Paletten oder Holz bauen, oder du nutzt Komplettlösungen aus dem Fachhandel. Zugleich bieten gut platzierte natürliche Verstecke und Unterstände deinen Hühnern Sicherheit vor potenziellen Angreifern aus der Luft. Besonders der Habicht hat leichtes Spiel wenn es keine Möglichkeiten für die Hühner gibt sich zu verstecken.

Voliere

Zudem ist es empfehlenswert, an den Hühnerstall angrenzend eine überdachte Anbauvoliere zu errichten, falls eine Stallpflicht aufgrund der Vogelgrippe ausgerufen wird. Im Winter ist die Voliere bei schlechtem Wetter eine gute Alternative, um deinen Grasauslauf zu schonen und deinen Hühnern dennoch Bewegung zu ermöglichen. Für vier Hühner sollte die Voliere idealerweise mindestens 20 m² groß sein. Ihre Vorteile sind:

- Deine Hühner halten sich bei sehr schlechtem Wetter gerne geschützt und eher in trockenen Bereichen auf und nehmen die Voliere in der Regel gerne an.
- Eine ausgerufene Stallpflicht während der Geflügelpest in deiner Nähe kann mehrere Monate andauern. Die Hühner dürfen dann zwar nicht nach draußen in den Auslauf, aber eine entsprechend überdachte Voliere ist erlaubt und bietet den Hühnern mehr Platz und Frischluft als der Stall.

Don't

Vermeide offene Flächen im Auslauf. Hühner möchten jederzeit Schutz unter Sträuchern oder Unterständen finden.

Do!

Baue keinen Stall ohne Voliere. Bei Ausbruch der Geflügelpest wird meist Stallpflicht ausgerufen. Der Aufenthalt in einer Voliere ist jedoch erlaubt!

Trocken, sicher und mit erhöhter Sitzstange: So ein Platz im Auslauf wird gerne angenommen.

Schutz vor Feinden und Nagern

Fuchs, Marder und Greifvögel

Sie sind Räuber, die nur zu gerne das Huhn als Beutetier angreifen. Und wenn sie einmal erfolgreich waren, kehren sie meistens wieder zurück! Gerade Füchse sind auch tagsüber auf Nahrungssuche, wenn sie Junge haben. Dabei kommen sie oft recht ungeniert in bewohnte Gebiete hinein. Deine Herausforderung besteht also darin, deine Hühnerschar im Stall und im Auslauf bestmöglich zu schützen. Hierzu hast du mehrere Möglichkeiten.

Der Zaun

Für deinen Garten oder Freilauf eignet sich sowohl ein Holzzaun als auch ein Doppelstabmattenzaun. Bei der Haltung von Zwerghühnern und Küken im Auslauf empfiehlt es sich, den Zaun zusätzlich mit einem engmaschigen Draht zu bespannen. Wähle die Maschenbreite so, dass sie nicht darin stecken bleiben können. Zudem sollte der Zaun hoch genug sein. Je nach Hühnerrasse und Flugfähigkeit 1,25 m bis 2 m. Füchse hingegen schaffen es, solche Zäune zu überwinden, sie klettern darüber oder graben sich darunter durch. Wenn der Fuchs bereits zu Besuch war, hilft oft nur ein Vorbau mit Stromlitzen.
Ein kleines Fundament oder Draht unterhalb deines Zauns verhindert, dass sich ein Fuchs oder Marder hineingräbt.

Schutznetze

Um deine Hühner vor Greifvögeln zu schützen, kannst du Netze verwenden. Das kann je nach Wohnlage interessant sein. Der Habicht ist beispielsweise ein Ansitzjäger, das bedeutet, dass er auf Bäumen wartet und im geeigneten Moment aus der Luft zuschlägt.

Wenn du Küken oder Zwerghühner hältst, ist es sinnvoll, den Zaun auch noch mit Kükendraht zu bespannen.

Mein Tipp

Teichnetze sind gut geeignet, eine Maschenweite von 6 bis 8 cm ist ideal. Darin können sich kleinere Wildvögel in der Regel nicht verfangen.

Ist dein Auslauf nicht so groß, kannst du ihn komplett mit einem Netz als Greifvogelschutz abdecken. Bei einem großen Auslauf und direkten Nachbarn ist das allerdings oft kaum umsetzbar. Biete Verstecke durch geschickte Bepflanzung oder Unterstände.

Den Hühnerstall sichern

Ab der Dämmerung sind nachtaktive Jäger wie Marder und Fuchs gerne in der Nähe von Hühnerställen unterwegs und versuchen, in den Stall zu gelangen. Dies ist der Grund, warum Hühner beim Anbruch der Dämmerung meist instinktiv den schützenden Stall aufsuchen, denn sie sehen im Dunkeln kaum etwas und sind dem Raubwild schutzlos ausgeliefert. Kontrolliere daher unbedingt täglich, ob alle Hühner im Stall sind und die Hühnerklappe sicher und fest geschlossen ist!

Kommt ein Marder in den Stall hinein, ist meistens ein Großteil der Hennen am nächsten Morgen tot. So etwas möchtest du nicht vorfinden. Achte darum unbedingt auf einen einbruchsicheren Stall.

Schadnager

Mäuse, Ratten und andere Nagetiere plündern nicht nur das Futter der Hühner, sondern sie können auch Krankheiten übertragen und den Stall beschädigen. Um das Eindringen von Schadnagern zu verhindern, solltest du deinen Hühnerstall gut abdichten. Es dürfen keine Spalten oder Lücken vorhanden sein. Hast du einen Holzboden mit oder ohne Stelzen, sind regelmäßige Kontrollen unerlässlich. So erkennst du mögliche Eingänge und kannst sie rechtzeitig verschließen.

Der Volierendraht wurde hier als Grabschutz gegen den Fuchs verlängert und in der Erde verankert.

Solche Köderboxen ermöglichen eine regelmäßige Kontrolle des Vorkommens von Mäusen und Ratten.

für Kids

Drei coole Tricks

mit Huhn

Und Hopp!

Bei Fuß!

Mein Kumpel

Wichtig vorab! Generell sind Jungtiere etwas leichter zu trainieren. Such dir also lieber ein junges Huhn aus und sei nicht frustriert, wenn es nicht auf Anhieb klappt ... mit der Zeit wird es funktionieren und bringt eine Menge Spaß.

Trick-Training für Hennen

Das Zirkushuhn

Wie wäre es, wenn dein Lieblingshuhn auf ein Podest springt? Du brauchst nur einen Blumentopf aus Ton, Mehlwürmer oder Hermetia Larven und es lernt den Trick schnell. Hühner sitzen nämlich gerne etwas erhöht.

So geht's:

1. Stelle den Blumentopf verkehrt herum auf einen stabilen Untergrund.
2. Setze dein Huhn vor den Blumentopf.
3. Halte eine Larve vor dein Huhn und gib ihm die Leckerei.
4. Halte den Snack immer höher, sodass es sich recken muss, um dranzukommen.
5. Schließlich hältst du die Larve über den Topf, bis dein Huhn auf den Topf springt, um den Leckerbissen zu erreichen. Erst wenn es auf dem Topf steht, bekommt es die Belohnung.
   Schon bald springt das Huhn von allein auf den Topf und du kannst neben ihm sitzen.

Bei Fuß mal anders

Ein witziger Trick, den du deinen Freunden vorführen kannst. Er ist schon etwas schwieriger zu lernen. Dazu brauchst du einen Baumstamm oder einen stabilen Pfosten, Mehlwürmer oder Hermetia Larven.

So geht's

1. Such dir einen Baum und knie dich seitlich auf den Boden. Strecke ein Bein auf dem Boden aus, sodass du mit dem Fuß den Baum berührst.
2. Übe, dass deine Henne auf dein Bein springt, indem du ihre Lieblingssnacks gut sichtbar in deine Kniekehle legst.
3. Nach und nach stehst du immer weiter auf.
4. Schon bald kannst du dich locker an einen Baum stellen, ein Bein an den Stamm lehnen, dein Huhn springt hoch und hat eine gemütliche Sitzstange.

Mein Kumpel und ich

Das ist der schwierigste Trick. Hierfür brauchst du einige Wochen Geduld, aber es lohnt sich, wetten? Du brauchst viele leckere Mehlwürmer oder Hermetia Larven.

So geht's

1. Übe mit Snacks, dass dein Huhn dir aus der Hand frisst.
2. Dann legst du die Snacks auf deinen Arm und streckst ihn aus. Sobald das Huhn auf den Arm steigt, geht es weiter.
3. Nun legst du dir ein paar Snacks Richtung Schulter und am Ende auf die Schulter.
   Schon bald wird sich dein Huhn auf deiner Schulter wohlfühlen und sitzen bleiben.

Hühner füttern

und gesund halten

Das richtige Hühnerfutter

Basics zum Hühnerfutter

Fütterungsfehler sind eine der häufigsten Ursachen für Gesundheitsprobleme und Mangelerscheinungen in der Hobbygeflügelhaltung, denn durch Fehler kann es zu einer Reihe von Problemen kommen:

- Vitaminmangelerscheinungen
- Windeier, dünne Eischalen
- Legeleistungsabfall
- Wachstumsstörungen
- Unruhe, Federpicken und andere Verhaltensstörungen
- Kropfverstopfungen

Keine Sorge, es ist keine hochkomplexe Wissenschaft, deine Hühner zu füttern. Ein hochwertiges Alleinfutter, mit auf das Geflügel abgestimmten Nährstoffen, sollte die Basis der Hühnerfütterung bilden. Futter selbst anzumischen aus Körnern und Ergänzungsfuttermitteln erfordert hingegen viel Wissen und birgt größere Risiken hinsichtlich Mangelerscheinungen. Möchtest du dein Hühnerfutter selbst aus einzelnen Komponenten zusammenstellen, informiere dich im Vorfeld ganz genau. Grundsätzlich solltest du auf einige Dinge achten, damit deine Hühner gesund bleiben:

Hühner sind einen Großteil des Tages mit der Futteraufnahme beschäftigt. Das Angebot im Auslauf ist oft recht unterschiedlich. Daher ist ein gutes Grundfutter sehr wichtig.

Die Futterstruktur sollte nicht zu grob sein, das führt schnell zur Selektion und später zu Nährstoffmängeln.

Um Verschwendung zu vermeiden, sollte der Futterbehälter auf Brusthöhe aufgehängt werden.

Die Balance der Nährstoffaufnahme

Sie ist der entscheidende Punkt bei der Hühnerfütterung und -haltung, die hierbei ineinander spielen: Auf der einen Seite benötigen Hühner eine gute Mineralisierung aufgrund ihrer hohen Stoffwechselrate und der Eiproduktion. Auf der anderen Seite solltest du Übergewicht unbedingt vermeiden, da es zu gesundheitlichen Problemen wie Legenot führen kann.
Bietest du zu viele Snacks an oder deine Hühner finden im Garten viele leckere Dinge, kann dies zu einem Mangel führen. Der Grund: Sie nehmen weniger von ihrem Grundfutter auf, indem sich in der Regel ein Großteil der Mineralstoffe und Vitamine befindet. Es ist jedoch nicht die Lösung, deine Gartenhühner einzusperren. Achte stattdessen lieber darauf, dass sich vor allem morgens, wenn deine Hühner von ihrer Sitzstange steigen, genügend Grundfutter im Futterbehälter befindet. Dann wird dieses Futter zuerst aufgenommen, bevor die Hühner in ihren Auslauf gehen.

Hauptfutter und Ergänzungsfutter

Dementsprechend ergibt sich folgende Aufteilung: Der Hauptanteil ist gutes Grundfutter. Ein dem Alter entsprechendes Alleinfutter für Hühner enthält alle Inhaltsstoffe in optimaler Menge.

Nach Bedarf kannst du gezielt Ergänzungsfuttermittel dazu füttern. Sie ergänzen lediglich bestimmte Nährstoffe und stellen kein vollständiges Futter dar. Hierzu zählen Probiotika, Elektrolyte, Vitamine, Calciumlösungen, Magnesium, Aminosäuren und Kräutermischungen. Ein Einsatz kann während der Mauser, bei Stress, nach Medikamenten, bei leichten Symptomen sowie Mangelsituationen oder prophylaktisch sinnvoll sein.

Snacks

In Maßen und ganz am Schluss stehen die Snacks. Zu ihnen gehören sowohl frisches Gemüse und wenig Obst, aber auch alles, was im Garten gefunden und aufgepickt wird.

Do!

Wähle das Alleinfutter passend zum Alter deiner Hühner. Achte für Legehennen unbedingt auf einen Calciumgehalt von mindestens 4 %.

Muschelkalk

Muschelkalk dient als wertvolle Calciumquelle für das Huhn. Bis zu 80 % des Calciums werden für die Schalenbildung aus dem Knochenspeicher mobilisiert und dementsprechend muss der Speicher ständig wieder aufgefüllt werden. Einer legenden Henne sollte also immer eine Calciumquelle zur freien Verfügung stehen, um Calcium mithilfe von Vitamin D aus dem Darm aufzunehmen. So kann der Bedarf jederzeit von der Henne gedeckt werden.

Nährstoffbedarf

Richtwerte für Nährstoffgehalte im Futter von Rassegeflügel (mittelgroße Legehennen je kg Futter pro Tag)

Energiebedarf MJ ME	11,2 - 11,4
Rohprotein %	16 - 18
Rohfett %	> 5
Rohfaser %	3,5 - 4,4
Rohasche %	5 - 12
Calcium %	4
Phosphor %	0,47 - 0,55
Natrium %	0,16 - 0,18
Methionin %	0,35 - 0,40
Lysin %	0,67 - 0,73
Vitamin A IE	10 000
Vitamin D3 IE	2 000 - 2 500
Vitamin E mg	15 - 30
Zink mg	44 - 60
Selen mg	0,13 - 0,2
Mangan mg	44 - 100
Eisen mg	25 - 88
Jod mg	0,44 - 0,50

Ist zu wenig Calcium verfügbar, können unterschiedliche Probleme auftreten:

- Windeier (Eier ohne Kalkschale. Sie sind nur von der dünnen Schalenhaut umgeben.)
- Dünne, wellige oder rissige Eischalen
- Legenot durch Schalenfehlbildungen oder Verformungen der Eier
- Lahmheiten durch mangelnde Knochenstabilität

Legefutter

Spezielles Legefutter mit einem Calciumgehalt von etwa 4 % bietet eine gute Grundversorgung. Zusätzlich empfiehlt es sich, den Hühnern Calcium in Form von Muschelkalk zur freien Verfügung anzubieten. Achte also darauf, dass deine Hühner immer Zugang zu Kalk in separaten Gefäßen haben. Sie können ihren Bedarf normalerweise gut einschätzen und nehmen nur so viel Calcium auf, wie sie benötigen, denn der Bedarf variiert individuell je nach Alter und Legeleistung beziehungsweise nach Rasse der Hühner.

Grit

Grit benötigen Hühner, um ihre Nahrung im Magen zu zerkleinern. Da sie keine Zähne haben, nutzen sie die kleinen Steinchen in ihrem Muskelmagen zur mechanischen Unterstützung, denn dadurch können sie ihre Nahrung mithilfe der kleinen, harten Steinchen zerkleinern. Wichtig ist, dass die Steinchen die richtige Größe haben. Ab der 6. Lebenswoche müssen Küken Grit aufnehmen. Für sie gibt es Kükengrit mit 1 - 2 mm großen Steinchen. Jung- und Legehennen brauchen etwa 2 - 4 mm große Gritsteinchen. Je weniger Zeit die Hühner im Auslauf verbringen und je beanspruchter der Auslauf ist, desto wichtiger ist die Gritergänzung, da keine Steinchen aus dem Boden aufgenommen werden können. Andernfalls kommt es häufig zu Verdauungsstörungen.

< Gleichmäßig dicke Eischalen und gut geformte Eier durch optimale Calciumversorgung.

∨ Muschelkalk kann in grober Form angeboten werden. So erfolgt eine aktive Aufnahme.

∧ Lahmheiten können durch mangelhafte Mineralisierung entstehen.

Do!

Muschelkalk als Calciumquelle und Grit für die Verdauungsförderung sollten immer zur freien Verfügung stehen.

Don't

Biete deinen Hühnern keinen Mix aus Muschelkalk und Grit an. Die Hühner nehmen Muschelkalk nach Bedarf auf und können ihn optisch oft nicht vom Grit unterscheiden. Da der Geschmackssinn schwach ausgeprägt ist, kann es so zu Calciumdefiziten kommen. Die Legeleistung und die Eischalenqualität sind besser, wenn beides getrennt voneinander angeboten wird.

Muschel-kalkspender

basteln

Do!

Hühner nehmen bei Bedarf gerne zusätzlich Calcium auf: Muschelkalk sollte daher immer zur freien Verfügung stehen.

Das brauchst du:

1. Brett 20 x 20 x 2 cm
   Brett 15 x 20 x 2 cm
2. 1 weithalsige Glasflasche
3. 1 Deckel mit größerem Durchmesser
4. 2 Winkel mit Schrauben
5. 35 cm Draht
6. 1 Schraube 1,5 cm lang für die Deckelbefestigung
7. 2 Ringschrauben
8. 2 Schraubenhaken für die Stallwand
9. Stift
10. Hammer

So wird's gemacht:

1. Schneide die Bretter auf die richtigen Maße.
2. Verbinde die beiden Bretter mit Winkeln.
3. Befestige am oberen Ende des längeren Brettes zwei Ringschrauben zur Aufhängung.
4. Jetzt bringst du den Deckel in die richtige Position auf dem kürzeren Brett und befestigst ihn mit einer Schraube in der Mitte des Brettes.
5. Dreh die Glasflasche um und halte sie so über den Deckel, dass sich der Rand der Glasöffnung max. 1 cm über dem Deckel befindet.
6. Markiere die Löcher für den Draht: 2 Löcher dort, wo sich der Hals der Glasflasche weitet, und zwei circa 2 cm unterhalb des Bodens der Glasflasche.
7. Bohre mit einem 3-mm-Bohrer anschließend die 4 Löcher dort, wo deine Markierungen sind.
8. Positioniere die Glasflasche jetzt im Spender und umwickle sie mit dem Draht, den du durch die Löcher fädelst. Auf der Rückseite drehst du die Drahtenden zusammen.
9. Befestige den Spender mithilfe der beiden Schraubenhaken an deiner Stallwand etwa 20 cm über dem Boden. So kannst du ihn jederzeit abnehmen und nachfüllen.
10. Fülle das Glas mit Muschelkalk und halte es mit der Öffnung nach oben in der Hand. Nimm den Spender mit dem Deckel und schiebe das Glas in die Drahthalterung. Drehe den Spender vorsichtig um und hänge ihn an die Haken.

Gesunde Snacks für Gartenhühner

⟶ Als Snack dienen vor allem Kräuter und Gemüse. Außerdem sind Sämereien und etwas Obst kein Problem für die Hühner. Wichtig ist vor allem die Futterstruktur. Um eine Kropfverstopfung zu vermeiden, ist es ratsam, hartes Gemüse wie z. B. Möhren entweder im Ganzen anzubieten oder die Möhren klein zu häckseln, damit sie besser aufgenommen werden können und keine Reste im Auslauf bleiben.

Salat kann beispielsweise auch als ganzer Kopf aufgehängt werden und stellt gleichzeitig eine gute Beschäftigungsmöglichkeit dar.
Achte darauf, dass das Futter zur Witterung passt. Im Sommer ist Gemüse mit einem hohen Flüssigkeitsgehalt sinnvoll. Im Winter sollte es energiereicher und etwas fetthaltiger sein. Hermetia Larven oder Sonnenblumenkerne sind in der kalten Jahreszeit ideal.

Selbstbedienung ohne Langeweile

Das brauchst du:

- Salatkopf
- Obstspieß für Papageien
- Ein Seil oder eine dünne Kette zum Aufhängen

So wird's gemacht:

Spieße einfach den ganzen Salatkopf auf und hänge den Spieß mit einer Kette oder einem Seil auf. Am besten hängt der Salat frei in der Luft, denn das erhöht den Schwierigkeitsgrad.

Aufgehängtes Gemüse beugt Langeweile und Verhaltensstörungen (wie z. B. Federpicken) vor und kann im Auslauf oder in der Voliere platziert werden.

Küchenreste verfüttern?

Du kannst bestimmte Reste an Hühner füttern, allerdings mit Vorsicht und Augenmaß. Wichtig ist vor allem, dass sie nicht zu fettig oder zu salzig sind. Schimmelige Küchenabfälle sind tabu. Natürlich sollten die Speisen auch nicht gewürzt und ungiftig für deine Tiere sein.

Don't

Eier von Hühnern, die mit Küchenresten gefüttert wurden, dürfen nicht abgegeben beziehungsweise in den Verkehr gebracht werden. Rechtlich darfst du sie dementsprechend nur für den Eigenbedarf verwenden.

> Ein Hochbeet mit Kräutern für die Hühner sorgt für ständig frisches Grünfutter.

∨ Petersilie ist beliebt bei Hühnern und enthält viel Vitamin C.

∧ Thymian kann bei leichten Atemwegsreizungen als Tee ins Wasser gegeben werden.

> Günstiger Snackhalter – ein Meisenknödelring.

∧ Oreganokonzentrate gibt es auch als effektive Wasserzusätze, die man einfach ins Trinkwasser gibt.

Gemüse und Kräuter

Eine vielfältige Auswahl an Gemüse und Kräutern ist also als Snack eine gute Ergänzung zur üblichen Futterration.

Grünes Blattgemüse wie Spinat, Salat oder Grünkohl liefert wichtige Vitamine und Mineralstoffe. Auch Karotten und Kürbis sind beliebte und gesunde Snacks für Hühner und sorgen nebenbei dafür, dass der Dotter der Eier sich schön dunkelorange färbt.

Kräuter wie Petersilie, Basilikum und Oregano fördern die Darmgesundheit. Gleichzeitig haben sie positive Auswirkungen auf die Eiqualität. Du kannst die Kräuter am besten in kleine Stücke schneiden oder als ganze Zweige anbieten, um das natürliche Pickverhalten der Hühner zu stimulieren. Bei Atemwegsreizungen bieten sich Kräuter wie Thymian, Kamille, Fenchel und Anis an, um zu lindern und Schleim zu lösen. So können die Reizungen der Schleimhäute gelindert werden. Du kannst die Kräuter im Garten anpflanzen und damit einen Tee aufgießen. Alternativ gibt es fertige Wasserzusätze mit Konzentraten von ätherischen Ölen speziell für Hühner, die du einfach ins Tränkwasser mischen kannst.

Mein Tipp

Achte darauf, Gemüse und Kräuter immer erst NACH der Fütterung mit dem Grundfutter anzubieten. Sonst picken sich die Hühner das Beste heraus und sind dann schnell gesättigt. Das kann zu Mangelerscheinungen führen. Sie sollten vor allem während der Legetätigkeit immer genug Grundfutter aufnehmen, um dauerhaft gesund zu bleiben.

Das können Hühner essen

Geeignet	Reife Tomaten	Luzerne	Minze
	Gurken	Kapuzinerkresse	Petersilie
	Spinat	Trauben	Basilikum
	Kopfsalat	Himbeeren	Weizen
	Kohl	Erdbeeren	Mehlwürmer
	Möhren (mit Grün)	Äpfel	Hirse
	Kürbis	Melonen	Sonnenblumenkerne
	Mais	Dill	
Nicht geeignet	Kaffee	Zitrusfrüchte	Rohe Eier
	Schokolade	Avocados	Rasenschnitt
	Süßigkeiten	Rohes Fleisch	Unreife Tomaten
	Gesalzene Speisen	Roher Fisch	Unreife Kartoffeln

Futterbrett für Hühner

bauen

Das brauchst du:

1. 1 Brett
2. 2 Ringschrauben zum Aufhängen
3. 2 Schraubenhaken zur Befestigung an der Wand
4. 1 Wandnapf für Papageien samt Befestigung
5. 2 Metallklammern mit Schrauben
6. 2 stumpfe Schrauben mit Muttern
7. Metallbohrer

So wird's gemacht:

1. Bohre kleine Löcher vor und schraube den Napf und die stumpfen Schrauben am Brett fest.
2. Zur Befestigung der Metallklammern wird an einer Seite der jeweiligen Klammer ein Loch gebohrt. Jetzt können die Klammern am Brett befestigt werden.
3. Zum Schluss schraubst du noch die Ringschrauben vorsichtig oben ins Brett und befestigst als Gegenstück an einer Wand zwei Schraubenhaken. So kann das Brett jederzeit abgenommen und neu befüllt werden.
4. Jetzt kannst du zum Beispiel Kräuter einklemmen, Äpfel und Gurken aufspießen und Hermetia Larven in die Schale füllen.

Don't

Snacks sollten möglichst nicht auf dem Boden angeboten werden. Die Reste werden schnell dreckig und verderben.

Wasserversorgung für deine Hühner

Wasserbedarf pro Tag

Wasser ist der wichtigste Nährstoff für das Geflügel. Bei Wassermangel kommt es schneller als bei jedem anderen Nährstoff zur Beeinflussung der Gesundheit und der Legetätigkeit. Hühner nehmen in der Regel zweimal so viel Wasser wie Futter pro Tag auf. Eine ausgewachsene Henne von 2 kg benötigt eine Wassermenge von 240 bis 250 ml pro Tag.

Wasserqualität

Wenn du deinen Tieren Wasser anbietest, sollte es stets sauber, kühl und für alle erreichbar sein. Wichtig für sauberes Wasser ist die tägliche Reinigung der Tränke sowie ein kühler Standort. Zudem ist eine passende Tränke entscheidend.

Die richtige Tränke

Ich empfehle dir, keine offene Schale zu verwenden. Das Verschmutzungspotenzial ist enorm und die Reinigung aufwendig. Besonders beliebt sind in der Hobbygeflügelhaltung die sogenannten Stülp- oder Glockentränken. Vorteil: Wasser kann leicht aufgenommen werden, sie sind handlich und bequem zu reinigen und zu befüllen. Nachteil: Staub und Futterreste sammeln sich in der Tränkerinne, eine tägliche Reinigung ist erforderlich.

Nippeltränken Aus hygienischer Sicht bieten Nippeltränken den größten Vorteil. Sie haben durch den ständigen Wassernachfluss einen geringeren Reinigungsaufwand und der Keimeintrag ins Wasser ist deutlich geringer.

Mein Tipp

Im Sommer bildet sich durch warm gewordenes Wasser viel schneller ein ausgeprägter Biofilm. Bei hohen Temperaturen empfehle ich dir, mehrmals täglich sauberes, kühles Wasser anzubieten.

Stülptränken sind günstig und weit verbreitet in der Hobbygeflügelhaltung.

Um die Einstreu möglichst trocken zu halten, empfielt es sich, die Wassertränken aufzuhängen.

Nippeltränke für 3–4 Hühner

Das brauchst du:

- 5 l Campingkanister mit Wandhalterung
- 2 Tränkenippel
- 1 dünnen Bohrer
- 4 Schrauben zur Befestigung an der Wand
- Akkuschrauber

So wird's gemacht:

1. Bohre zwei passende Löcher in den Kanister (die erforderliche Größe ist in der Regel auf der Packung der Tränkenippel angegeben).
2. Schraube die Tränkenippel in die Löcher.
3. Nimm den Deckel des Kanisters und bohre 3–5 kleine Löcher zur Belüftung hinein.
4. Befestige jetzt die Wandhalterung des Kanisters mit den passenden Schrauben an ausgewählter Stelle.
5. Zum Schluss noch den Kanister einsetzen.

Mauserzeit

Ursache für die Mauser

Ab dem zweiten Lebensjahr wechseln Hühner ihr Gefieder einmal im Jahr. Die Federn nutzen sich nämlich innerhalb eines Jahres ab und das Gefieder verliert so seine schützende Funktion. Ein intaktes Gefieder ist jedoch gerade in den kalten Monaten besonders nützlich und wichtig. Der hormonell gesteuerte Vorgang setzt sich in Gang, sobald die Tage kürzer werden, und so beginnt die Mauser in der Regel im Spätsommer beziehungsweise im Herbst.

Wie lange dauert die Mauser?

Hühner mausern nicht komplett in kürzester Zeit, sondern die Federn fallen an unterschiedlichen Stellen einzeln aus und werden dann an entsprechender Stelle nachgeschoben. Ein komplett nacktes Huhn ist also nicht in der Mauser, sondern hat andere Haltungs- oder Gesundheitsprobleme. Die natürliche Mauserzeit dauert in der Regel bis zu 12 Wochen.

Wie kann man die Hühner unterstützen?

Federn bestehen zu etwa 85 % aus Protein. Füttere daher mehr Protein während der Mauser. Insbesondere Keratin und die Proteinbausteine Cystein und Methionin sind Bestandteil des Gefieders. Am besten eignet sich Bierhefe, die du während der Mauser über das Futter streuen kannst oder Wasserzusätze für Hühner, die hochkonzentriertes Methionin enthalten (zuverlässigere Aufnahme).

Mausernde Henne. Im Flügelbereich werden schon wieder neue Federn nachgeschoben.

Don't

Während der Mauser sollte man die Hühner möglichst wenig berühren. Sie sind meistens auch von sich aus etwas scheuer im Umgang. Die Federfollikel sind jetzt stark durchblutet. So kommen die Nährstoffe für das Federwachstum ausreichend dort an, wo die Hühner sie benötigen. Berührungen sind dann eher unangenehm für die Tiere.

Auch die Stoßfedern beim Hahn fallen während der Mauser aus und bilden sich anschließend neu.

Gesundheits-Check

⟶ Gesunde Hühner sind aktiv und aufmerksam. Sie picken, scharren und laufen herum, um ihre Umgebung neugierig zu erkunden. Neben diesem Verhalten ist die Hackordnung einer der wichtigsten Bestandteile ihres Sozialverhaltens. Ohne einen festen Platz in der Hackordnung wird ein Huhn von den anderen ständig verjagt und bepickt. In der Regel geschieht das zwar ohne Verletzungen, aber der Stress für das einzelne Tier ist enorm. Kranke oder verletzte Tiere verlieren ihren Platz in der Hackordnung, sobald sie Schwäche zeigen. Das ist gleichzeitig der Grund dafür, dass Hühner Krankheitsanzeichen möglichst lange verbergen und man ihnen erst sehr spät anmerkt, dass es Gesundheitsprobleme gibt. Um dem vorzubeugen, solltest du deine Hühner regelmäßig durchchecken. Nimm dir also Zeit, die Hühner aus der Nähe anzuschauen und überprüfe alle Punkte im Detail:

Die Ohrscheibe kann unterschiedlich gefärbt sein. Ist sie weiß, dann legt die Henne auch weiße Eier.

Kopfanhänge 1

Sind Kamm, Kehllappen und Ohrscheibe gefärbt wie immer? Gibt es Schwellungen oder Verletzungen?

Augen 2

Sie sollten klar sein und keine Tränen oder Verkrustungen aufweisen. Solltest du hier das sogenannte dritte Augenlid sehen: Das ist ganz normal, es schließt von vorne nach hinten über das Auge. Es sollte sich reflexartig schließen, wenn du es berührst.

Nasenöffnungen 3

Sind sie trocken und sauber?

Schnabel 4

Er sollte keine Risse aufweisen. Der Schnabel hat eine glatte Oberfläche und schließt komplett. Auch sollte er sich durchs Picken gut abnutzen und nicht zu lang überstehen. Denn: Ein Hühnerschnabel wächst das ganze Hühnerleben und muss deshalb abgenutzt werden. Um in den Schnabel zu schauen, kannst du mit den Fingern links und rechts vorsichtig in die Schnabelwinkel drücken. Hier schaust du nach Rötungen oder Zubildungen, die auf Entzündungen hindeuten können.

Federkleid 5

Die Federn sollten glatt anliegen und glänzen. Ausnahme sind die Mauser oder wenn du Rassen wie Seidenhühner oder andere mit einer eher gelockten oder gestruppten Federstruktur hast. Außerhalb der Mauser deuten kahle Stellen meist auf Parasiten, Stress oder Federpicken hin.

2

3

4

5

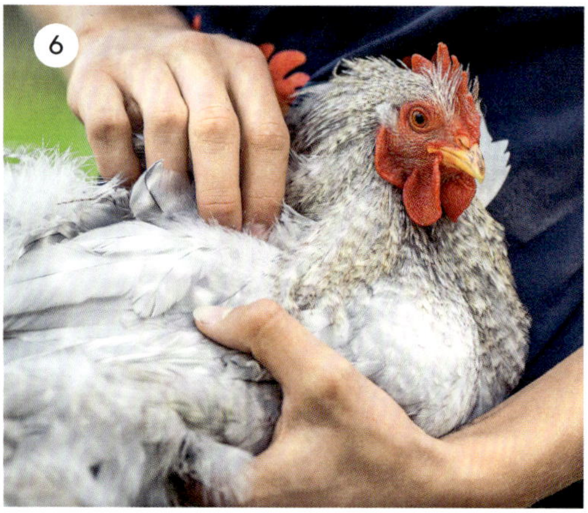
6

7

8

9

10

Haut 6

Hebe unbedingt die Federn an verschiedenen Stellen hoch und schaue direkt auf die Haut. Wenn deine Hühner von Parasiten befallen sind, kannst du sie so entdecken.

Bürzeldrüse 7

Die findest du direkt am Ansatz vom Stoß (Schwanz). Du kannst von unten fühlen, wo er ansetzt, und schlägst an der Stelle auf der Oberseite die Federn zurück. Dort siehst du die kleine Drüse. Sie gibt ein öliges Sekret ab, mit dem Hühner sich putzen und ihre Federn imprägnieren. Hier sollten keine Parasiten zu finden sein oder Rötungen auftreten.

Kropf 8

Er befindet sich auf der rechten Halsseite, knapp über der Brust. Du kannst ihn normalerweise gut ertasten. Er sollte morgens fast leer und abends gut gefüllt sein. Er darf jedoch nie steinhart und prall sein! Das deutet auf eine Kropfverstopfung hin.

Flügel 9

Einmal vorsichtig auffächern und auf Verletzungen oder Schwellungen untersuchen. Ein Blick unter den Flügel schadet nie. Dazu klappst du ihn nach vorne-außen und dann sanft nach oben. Unter den dunklen, warmen Flügeln halten sich Federlinge am liebsten auf.

Ständer 10

So heißen die Beine beim Huhn. Ihre Schuppen sollten glatt anliegen. Verdickungen könnten auf die Kalkbeinmilbe hinweisen. Achte beim Hahn auf den Sporn, er reißt gerne ein, wenn der Hahn irgendwo hängen bleibt. Ist er zu lang, kannst du ihn mit einer Krallenschere kürzen.

Fußballen 11

Achte auf Verdickungen, Rötungen oder Verletzungen. Sollten die Krallen zu lang sein, kannst du sie mit einer Krallenschere kürzen. In der Regel ist das jedoch nicht nötig. Solltest du die Krallen schneiden, achte darauf, nicht in den durchbluteten Bereich zu schneiden!

Einmal pro Woche einzelne Hühner genauer anzuschauen hilft Krankheiten vorzubeugen.

Hühner richtig hochheben

Um ein Huhn hochzuheben, nutzt man am besten beide Hände und fixiert beide Flügel seitlich. Anschließend hebt man es hoch und drückt es vorsichtig an den Körper, sodass ein Flügel unbeweglich bleibt. Die rechte Hand fixiert derweil den äußeren Flügel. Die linke Hand wird nun unter den Brust- bzw. Bauchbereich des Huhnes geschoben und greift nach den Ständern bzw. Füßen des Huhnes. Dabei liegt der Zeigefinger zwischen den Beinen, ein Ständer wird mit dem Daumen und der andere mit dem Mittelfinger gehalten.

Krankes Huhn – was tun?

Erste Hilfe

Mein allerwichtigster Tipp gleich hier an dieser Stelle: Sollte dein Huhn bereits apathisch und stark geschwächt sein, wirst du ohne die Hilfe eines Tierarztes nicht auskommen. Mach dich schnellstmöglich auf den Weg. Ansonsten gilt: Bei gleichbleibendem oder sich verschlechterndem Zustand über mehr als drei Tage muss ebenfalls ein Tierarzt hinzugezogen werden. Die Phase der „Ersten Hilfe“ ist dann vorbei und der Profi muss ran! Denn in solchen Fällen handelt es sich nicht mehr um Kleinigkeiten, sondern um ernstere Erkrankungen, die schnellstmöglich behandelt werden sollten.

Checkliste

Basisutensilien und Verbandsmaterial

- Einmalhandschuhe in deiner Größe
- Schere
- Einwegspritzen 1 ml, 5 ml, 10 ml (ohne Nadel)
- Selbsthaftender Geflügelverband/ Vettrap
- Klebeband
- Pinzette
- Gazetupfer
- Handtuch
- Kotprobenröhrchen
- Wattestäbchen
- Lupe

Desinfektionslösungen und Salben

- Desinfektionsmittel ohne Alkohol
- Jodlösung
- Wundsalbe
- Zinksalbenspray

Elektrolyte, Vitamine und Co

- Futterkohle
- Calciumchloridlösung
- Vitamin AD3E
- Oreganoöl (am besten zur Verabreichung über das Tränkwasser)
- Elektrolyte
- Ätherische Öle für Hühner
- Melkfett
- 100 ml Leinöl
- Kriechöl
- Rescura Pets Notfalltropfen
- Probiotika für Hühner
- Vitamin C
- Vitamin-B-Komplex
- Magnesium

Hausapotheke für Hühner

Bei leichten Verletzungen, Schnupfen, Darmproblemen oder beginnender Legenot kann im Rahmen der Erstversorgung oftmals schnell geholfen werden, wenn die richtigen Utensilien zur Hand sind. Lege dir deshalb am besten eine kleine Hühnerhausapotheke zu. Hier findest du eine Checkliste mit allen Dingen, die in so eine Hühnerhausapotheke gehören.

Notfallbox

Besorge dir am besten gleich eine Box oder eine Kiste, in der alle Dinge Platz finden und die den Inhalt gegen Feuchtigkeit und Verschmutzung schützt. Dann ist alles länger nutzbar und du vermeidest eine Menge Stress und Ärger im Notfall.

Do!

Es ist nicht leicht, einen geflügelkundigen Tierarzt zu finden. Darum solltest du dich schnellstmöglich mit der Erstversorgung von Hühnern beschäftigen, denn im Notfall kann das Leben retten. Am Wichtigsten ist es, dazu alle notwenigen Dinge zu Hause zu haben.

Bei kaum einer Tierart ist es so wichtig, eine Erste-Hilfe-Box zu Hause zu haben, wie bei Hühnern. Geflügelkundige Tierärzte gibt es wenige und die Anfahrt ist meistens lang.

Krankheits-vorsorge

Stallhygiene und Pflege

Um deine Hühner möglichst gesund zu halten, gilt zudem für den Hühnerstall:

- Halte den Stall möglichst sauber.
- Beuge Krankheiten durch Impfungen vor.
- Nutze Nahrungsergänzungsfuttermittel, die du nach Bedarf und gezielt einsetzt, z. B. während der Mauser (siehe Seite 70).
- Halte nicht zu viele Tiere auf engem Raum.
- Vermeide möglichst jede Art von Stress für deine Hühner.
- Lagere Futter sauber und gut verschlossen (siehe Seite 44).

Die Reinigung und Desinfektion des Stalls sowie aller Gerätschaften und der Einrichtung sind die beste Gesundheitsprophylaxe. Dadurch sinkt der Infektionsdruck entscheidend.

To-Dos für den Hühnerstall

Täglich:

- o Morgens: Fütterung
- o Tränke reinigen
- o Frisches Wasser in die Tränke füllen
- o Hühner rauslassen (falls keine elektrische Hühnerklappe)
- o Eier einsammeln
- o Legenesteinstreu kontrollieren (Kot, Feuchtigkeit, Federn)
- o Kot vom Kotbrett sammeln
- o Abends: Klappe schließen (falls keine elektrische Hühnerklappe)
- o Tiere durchzählen

Wöchentlich:

- o Tränkebereich kontrollieren: Feuchte Stellen in der Einstreu? Teilwechsel der Einstreu
- o Voliere/Auslauf harken (Kot, Einstreu, Futterreste)
- o Wasser- und Futterbehälter gründlich reinigen (Bürste!)
- o Milbenkontrolle, Sitzstange reinigen
- o Staubbadkontrolle/bei Bedarf erneuern
- o Gesundheitscheck

Monatlich:

- o Einstreu erneuern
- o Staub abfegen
- o Fensterreinigung
- o Futtervorrat kontrollieren (Menge, Schadnager, Mindesthaltbarkeitsdatum)
- o Kontrolle des Batteriezustands von elektrischen Geräten (Hühnerklappe)
- o Mind. 2 x im Jahr auch Nassreinigung und Desinfektion des Hühnerstalls

Es lohnt sich, Arbeitsutensilien nur für den Hühnerstall zu kaufen. So senkt man den Keimeintrag durch andere Verschmutzungen und hat immer gleich alles zur Hand.

Impfungen

Hühner müssen in Deutschland gegen die Newcastle-Krankheit geimpft werden. Diese musst du auf Nachfrage jederzeit über dein Stallbuch nachweisen können. Aber auch andere Krankheiten können ernst sein und je nach Region und Infektionsdruck macht eine Impfung Sinn. Beim Huhn werden die meisten Impfungen über das Tränkwasser verabreicht. Eine Ausnahme ist die häufig gegen die Marek'sche Krankheit angewandte Impfung. Sie muss zwingend injiziert werden. Dennoch empfehle ich, sie bei Küken durchzuführen, da die Marekerkrankung in der Hobbygeflügelhaltung häufig vorkommt und oft Probleme bereitet. Schauen wir kurz auf die Krankheiten, damit du zusammen mit deinem Tierarzt besser entscheiden kannst, welche Impfungen du durchführen möchtest.

Die Marekshe Krankheit entsteht durch ein Herpesvirus und gilt als die bedeutendste unter den Hühnerkrankheiten. Eine Behandlung ist nicht möglich! Es erkranken häufig junge Tiere mit 3 – 6 Monaten. Typisches Symptom ist eine einseitige Lahmheit mit einem nach vorn und einem nach hinten gestreckten Bein. Es gibt aber auch viele andere Erkrankungsbilder. So kann es auch zu Augenveränderungen und Tumoren kommen. In vielen Fällen führt das auf Dauer zu Verlusten oder die Hühner sind aufgrund ihrer Beeinträchtigungen nicht mehr zu retten. Geimpfte Hühner können sich noch infizieren und das Virus ausscheiden. Sie erkranken jedoch selbst nicht mehr schwer. Somit stellen neue geimpfte Hühner für ungeimpfte Hühner im Bestand immer eine Gefahr da. Sie stecken an ohne zu erkranken.

Impfschema

Alter	Impfung	Art der Anwendung	Bemerkung
1. Tag	Marek	Injektion	empfohlen
1. – 7. Tag	Kokzidiose	Trinkwasser, Spray	empfohlen
2. – 3. Woche	Gumboro	Trinkwasser	bei Bedarf
3. Woche	Newcastle-Krankheit	Trinkwasser	Pflicht in D
	Infektiöse Bronchitis	Trinkwasser	bei Bedarf
9. Woche	Newcastle-Krankheit	Trinkwasser	Pflicht in D
	Infektiöse Bronchitis	Trinkwasser	bei Bedarf
11. Woche	Infektiöse Laryngotracheitis	Augentropfen	bei Bedarf
15. Woche	Newcastle-Krankheit	Trinkwasser	Pflicht in D
	Infektiöse Bronchitis	Trinkwasser	bei Bedarf
Im Anschluss: Alle 6 Wochen über das Trinkwasser oder 1 x alle 12 Monate per Injektion	Newcastle-Krankheit	Trinkwasser	Pflicht in D
	Infektiöse Bronchitis	Trinkwasser	bei Bedarf

Hinweis: In der Schweiz sind Impfungen gegen die Newcastle-Krankheit und die Infektiöse Laryngotracheitis verboten.
In Österreich ist die Newcastle-Impfung keine Pflichtimpfung. In Deutschland herrscht Impfpflicht!

Impfungen werden häufig auch schon für Küken an Sammelterminen bei geflügelkundigen Tierärzten oder in Geflügelzuchtvereinen angeboten.

Kokzidiose verbreitet sich durch einzellige Parasiten im Kot erkrankter Hühner. Sie schädigen den Darm der Tiere und gerade Jungtiere können schwer erkranken und sterben. Typische Symptome sind Durchfall, Wachstumstörungen und Blässe. Auch plötzliche Todesfälle treten auf. Es gibt neben der Impfung ein Kükenstarterfutter mit Kokzidiostatika, also mit einem Antiparasitikum gegen Kokzidien. Auch eine Impfung gegen Kokzidien ist möglich, dann darf aber kein Kokzidiostatikum im Futter sein. Wenn du dieses nutzt, darfst du nicht parallel impfen!

Die Gumboro-Krankheit oder Infektiöse Bursitis beschädigt die Bursa cloacalis. Dies ist ein Organ im Immunsystem von Vögeln. Es spielt eine wichtige Rolle bei der Entwicklung eines starken Immunsystems. Bei Gumboro wird dieses geschädigt, was zu einer Schwächung der Hühner führt. In der Folge sind betroffene Tiere anfälliger für andere Krankheiten.

Die Newcastle-Krankheit ist eine hochansteckende Viruserkrankung, die besonders Hühner betrifft. Symptome sind Atemwegsprobleme, neurologische Probleme und das Einstellen der Eiproduktion. Die Krankheit kann durch Kontakt mit infizierten Vögeln oder deren Ausscheidungen übertragen werden. Sie stellt eine ernsthafte Bedrohung für Geflügelbestände weltweit dar. Eine Impfung ist in Deutschland Pflicht!

Die infektiöse Bronchitis ist eine Viruserkrankung. Sie verursacht Atemwegsbeschwerden und kann die Legeleistung stark beeinträchtigen. Die Übertragung erfolgt hauptsächlich per Tröpfcheninfektion über die Luft.

Eine infektiöse Laryngotracheitis ist ebenfalls eine durch erkrankte Vögel übertragene Viruserkrankung. Sie verursacht Atemwegsprobleme sowie Entzündungen im Bereich des Kehlkopfes und der Luftröhre. Symptome sind auch hier Atembeschwerden sowie reduzierte Eiqualität und -produktion. Die Impfung erfolgt über Augentropfen.

Impftermine und Belege sollten im Stallbuch notiert und abgelegt werden.

Parasiten vorbeugen

⟶ Der Befall mit Parasiten verstärkt häufig die Symptome von Infektionskrankheiten und die Belastung in Stresssituationen. Sie können als Endoparasiten im Huhn oder als Ektoparasiten auf dem Huhn auftreten.

Rote Vogelmilbe

Um Ektoparasiten im Griff zu halten, sollte der Gesundheitscheck wöchentlich durchgeführt werden. Die rote Vogelmilbe nimmt allerdings eine Sonderstellung ein, da sie sich hauptsächlich nachts auf den Hühnern aufhält und sich tagsüber in den Ritzen und Ecken des Stalls befindet. Um den Befall zu überwachen, kannst du eine Milbenfalle einsetzen. Sie wird an den Rändern der Sitzstange befestigt und kann regelmäßig überprüft werden. Da Milben dunkle, enge Verstecke mögen, siedeln sie sich gerne tagsüber hier an.
Zur Prophylaxe empfielt es sich, nach jeder Stallreinigung Gesteinsmehl, z. B. Kieselgur,

Stallhygiene und Parasitenkontrollen gehören dazu, wenn man die Hühner dauerhaft gesund halten will.

zusätzlich in den Ritzen, Ecken, Nestern und im Bereich der Sitzstange zu verteilen, sodass die Milben keine Chance haben. Außerdem kann man ein Auge auf die richtige Einstreu werfen: Stroh bietet zum Beispiel ein wunderbares Versteck für die rote Vogelmilbe. Sie verkriecht sich gerne im Inneren der Halme. Insofern solltest du auf Stroh im Stall und in den Legenestern verzichten. Alternativen zur Einstreu mit Stroh findest du auf Seite 42.

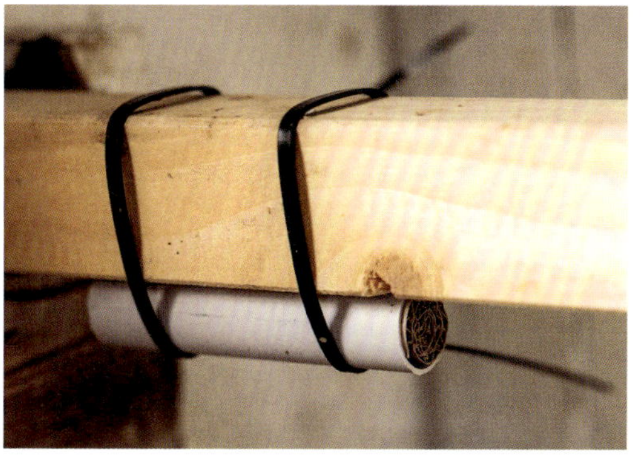

Milbenfallen sind ideal für die Überwachung der roten Vogelmilbe geeignet und im Fachhandel erhältlich.

Eine wöchentliche Kontrolle gibt Aufschluss über den aktuellen Befallsstatus.

Beliebtes Versteck: Das Inlay der Milbenfalle. Je nach Befallgrad sind hier mehr oder weniger Milben zu sehen.

Endoparasiten

Endoparasiten, wie Magen-Darm-Würmer, sind bei deinen Gartenhühnern nie ganz auszuschließen. Die Wurmeier werden unsichtbar über den Kot ausgeschieden und in vielen Fällen auch über Zwischenwirte wie Schnecken oder Regenwürmer weiter verteilt. Entweder werden dann die Zwischenwirte oder die Wurmeier im Auslauf direkt wieder aufgenommen und die Vermehrung im Huhn beginnt erneut. Ist das ein Problem? Nicht sofort, aber mit der Zeit steigt der Parasitendruck und macht den Hühnern und ihrem Immunsystem schnell zu schaffen. Da auch Antiparasitika Resistenzen ausbilden und im Geflügelbereich nur wenige Medikamente vorhanden sind, empfehle ich dir daher, zwei bis drei Mal im Jahr eine Kotprobe untersuchen zu lassen. Du sammelst drei Tage lang bestimmte Mengen an Kot und lässt sie dann von einem Veterinärlabor untersuchen. Solltest du vor Ort keine Möglichkeit haben, kannst du solche Untersuchungen auch online buchen. Informationen findest du unter www.befluegelt.vet/labor. Je nach festgestelltem Befallsgrad ist dann eine Behandlung mit dem richtigen Entwurmungsmittel erforderlich oder eben nicht. Das Mittel bekommst du bei deinem Tierarzt vor Ort und setzt es dann über das Trinkwasser im Stall bei den Hühnern ein, da nur durch eine Behandlung aller Tiere der Parasitendruck gesenkt werden kann.

Jeden Tag ein Ei?

Wie viele Eier legt ein Huhn?

Im Jahresdurchschnitt kannst du beim Rassegeflügel von 2 bis 4 Eiern pro Woche und Huhn ausgehen – je nach Rasse und Alter der Tiere. Auch die Witterung sowie die Jahreszeit mit ihrer Tageslichtlänge spielen hier eine große Rolle. Hybridrassen, die ursprünglich extra für die Landwirtschaft gezüchtet wurden, legen hingegen fast täglich ein Ei. Dementsprechend sind sie im Vergleich zum Rassegeflügel allerdings auch deutlich kurzlebiger. Die meisten Hennen legen ab einem Alter von spätestens 24 Wochen. Die Legeperiode ist allerdings gar nicht so lang, wie man denkt. Schon nach circa drei Jahren sinkt die Legeleistung wieder. Dann werden deutlich weniger Eier gelegt. Die Hühner aber haben eine Lebenserwartung von 8–12 Jahren und können dementsprechend noch lange in deinem Garten leben. Für die Selbstversorgung solltest du dir allerdings wieder Junghennen anschaffen.

Gibt es Licht, gibt es Eier

Die Legeleistung einer Henne wird nicht nur vom Alter und der Rasse beeinflusst, sondern hauptsächlich immer durch das vorhandene Tageslicht. Die Eibildung wird hormonell gesteuert. Werden die Tage im späten Herbst kürzer, dann wird in der Regel die Eibildung eingestellt. Im Frühling beginnt dann das Gegenteil und auch die Eiproduktion steigt wieder deutlich mit der Tageslänge an. Beachte jedoch, dass es auch hier, je nach Zuchtziel, Rassenunterschiede gibt (z. B. Winterleger).

Täglich Eier sammeln

Das empfehle ich dir unbedingt, da du so das genaue Legedatum kennst. Zudem verringerst du die Gefahr, dass die Eier kaputt gehen oder verschmutzt werden.
Einige Hühner beginnen auch, die Eier aufzufressen, was auf Dauer zu Durchfällen oder Mangelerscheinungen führen kann, da vom Grundfutter dementsprechend weniger aufgenommen wird.

Haltbarkeit

Eier solltest du immer mit dem spitzen Ende nach unten lagern. Denn dann befindet sich die Luftkammer am stumpfen Ende oben, wird nicht eingedrückt und kann sich nicht ablösen. Sollte das passieren, wird der Eintritt von Erregern und Umgebungsgerüchen über die Eierschale erleichtert und führt schneller zum Verderben. Also: Falls du deine Eier im Eierkarton lagern willst – immer alle umdrehen! Eier aus dem Handel werden wegen der schöneren Optik mit der Spitze nach oben ausgeliefert. Dreh sie zu Hause schnellstmöglich um, dann halten sie sich länger.
Generell haben Eier ein Mindesthaltbarkeitsdatum von 28 Tagen ab dem Legetag. Sammelst du Eier von deinen eigenen Hühnern, ist es sinnvoll, das Legedatum draufzuschreiben.
So weißt du genau Bescheid und verwechselst nichts. Wenn du nicht allzuviele Eier hast, kannst du sie in einer Eierspirale lagern (siehe Seite 86). Das älteste Ei kann immer direkt vorne entnommen werden.

Wer Eier mag, freut sich ganz besonders über die von den eigenen Hühnern.

Eier aufbewahren

Kann ich Eier einfrieren?

Nicht im Ganzen mit der Schale. Schlägst du die Eier jedoch auf und verrührst sie mit etwas Salz, kannst du sie 6 – 10 Monate einfrieren. Mikrobiologisch ist das im geschlossenen Gefäß unbedenklich. Ich verwende dafür Eiswürfelformen mit Deckel. So kann ich das Ei wieder schön portioniert entnehmen und bei Bedarf Rührei daraus machen oder es zum Backen verwenden.

Eier in den Kühlschrank – ja oder nein?

Am meisten wird darüber diskutiert, ob Eier in den Kühlschrank gehören oder nicht. Dazu gibt es klare Regelungen: Innerhalb von 21 Tagen nach dem Legen können Hühnereier bei Raumtemperatur aufbewahrt werden. Danach solltest du sie im Kühlschrank weiter lagern. So kannst du sie auch noch eine Woche später bedenkenlos für den Verzehr nutzen. Du kannst sie auch direkt in den Kühlschrank

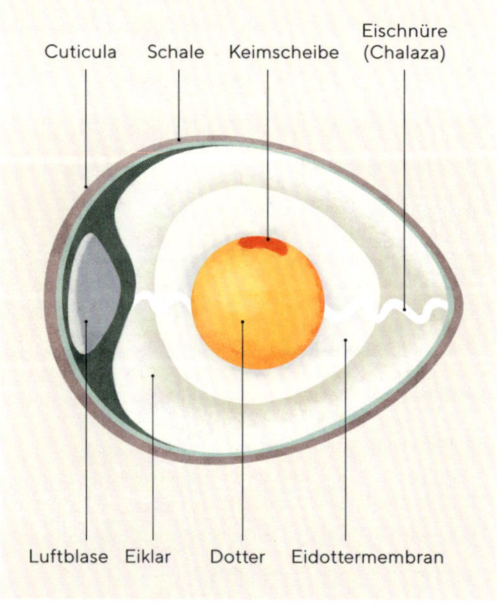

Schematischer Aufbau eines Hühnereis.

Eine Eierspirale sorgt dafür, den Überblick zu behalten, wann welches Ei gelegt wurde.

Überraschung – Besonders große Eier beinhalten häufig zwei Dotter.

legen. Aber: Hast du Eier einmal gekühlt, müssen sie auch weiterhin bis zum Verzehr gekühlt werden. Der Grund dafür ist die Schutzschicht, die Cuticula, die sich um das Ei herum befindet. Starke Temperaturveränderungen können die Cuticula zerstören.

Eier besser abwaschen?

In Europa werden Eier, bevor sie in den Handel kommen, nicht gewaschen. Wir setzen auf saubere Produktion und den Erhalt der natürlichen Schutzschicht (Cuticula), die dünn um die äußere Schale liegt. Sie vermeidet das Eindringen von Fäulnisbakterien, Schimmelpilzen und Erregern, wie Salmonellen. Im Gegensatz dazu werden in den USA alle Konsumeier gewaschen. Die Folge ist, dass Eier in den USA ausschließlich im Kühlregal zu finden sind, um das Erregerwachstum zu minimieren. Ich empfehle dir, deine eigenen Eier nicht zu waschen. Sorge lieber dafür, dass die Nester eine saubere Einstreu haben und sammle die Eier regelmäßig ein, dann spielt das Thema Verschmutzung in der Regel kaum eine Rolle und du kannst sie entspannt lagern, ohne den halben Kühlschrank zu blockieren.

Qualität beurteilen

Nur ein kleiner Knacks?

Sobald die Schale eröffnet ist, dringen Erreger und Staubpartikel in das Ei ein. Schon ein kleiner Knacks kann schnell zum Verderben führen und ist lebensmittelhygienisch bedenklich. Du solltest solche Eier daher besser direkt entsorgen.

Windeier

Sie entstehen aus unterschiedlichen Gründen. Das können Krankheiten wie Infektiöse Bronchitis, Mineralstoffmangel, Stress oder der Beginn der Legetätigkeit bei Junghennen sein, denn sie leiden häufig noch unter hormonellen Schwankungen während der Eiproduktion.
Ein Windei besitzt keine Schale und ist nur von der Eimembran umhüllt. Dementsprechend wird schnell klar, dass das Innere des Eies ohne Schutzschicht auskommen muss und der Verzehr ausgeschlossen ist. Die Gefahr von der Erregeraufnahme beziehungsweise von Lebensmittelinfektionen ist zu groß.

Sehr großes Ei mit Doppeldotter

Es kommt gelegentlich vor, dass ein Hühnerei zwei Dotter enthält. Für den Verzehr macht das keinen Unterschied. Solche Eier kannst du bedenkenlos genießen und dich einfach über die zwei Dotter freuen. Sie kommen häufig bei Junghennen vor, da sich der hormonell gesteuerte Prozess der Eibildung erst einpendeln muss. Es wandern bei einem solchen Ei zwei Dotterkugeln in den Eileiter und werden dort dann nach und nach zu einem Ei umhüllt. Meistens sind die Eier dadurch auch größer als die anderen. Ausbrüten lassen sollte man solche Eier übrigens nicht, da Zwillinge zu wenig Platz haben und nicht überleben.

Mein Tipp

Ist der Dotter sehr hell, helfen folgende Futterergänzungen, damit er dunkler (und schmackhafter) wird: Kürbisstücke, Ringelblumen, Paprika Mais, Möhren

Kann man das noch essen?

Manchmal verliert man doch den Überblick und weiß nicht mehr genau, welche Eier noch ganz frisch sind. Bei Speisen und Getränken, die rohe Eier enthalten (z. B. Tiramisu, Mousse au Chocolat, Mayonnaise oder Eierlikör) ist es sinnvoll, nur frische Eier zu verwenden. Kühle solche Speisen gut, um sie innerhalb von 24 Stunden zu verzehren. Alle anderen Eier kannst du zum Kochen und Backen oder als Frühstücksei wie erwähnt innerhalb von 28 Tagen direkt bzw. aus dem Kühlschrank verwenden. Wenn du unsicher bist, wie alt die Eier sind, kannst du einfach den Frischetest machen.

Für Speisen und Getränke, die rohes Ei enthalten, eignen sich frische Eier am besten.

Der Frischetest

Um die Frische zu testen, musst du das Ei nicht aufschlagen. Gib das rohe Ei einfach in eine Schüssel mit kaltem Wasser.
Der Grund, warum dieser Test funktioniert, ist die poröse Eischale. Durch sie verdunstet im Laufe der Zeit Wasser aus dem Eiweiß. So entsteht Platz, der sich mit Luft füllt. Diese Luft im Inneren des Eis bewirkt, dass es im Wasser aufsteigt.

Liegt es am Boden des Gefäßes, ist es frisch.

Wenn es sich leicht aufstellt, ist es etwas älter und du solltest es nur noch gekocht oder gebacken verwenden.

Schwebt es an der Wasseroberfläche, ist es nicht mehr verzehrstauglich und sollte entsorgt werden.

Blutstropfen im Ei

Das Ei wird im Eierstock und im Eileiter des Huhnes gebildet. Im Eierstock befinden sich unzählige Eizellen, die in jeweils 7 bis 10 Tagen zur reifen Dotterkugel heranwachsen. Durch einen Sprung im Dottersack gelangt der Dotter in den Eileiter und das Ei entwickelt sich weiter. Bei diesem Übergang kann es durch die starke Durchblutung dazu kommen, dass etwas Blut auf dem Dotter zurückbleibt. In der weiteren Entwicklung wird er im Eiklar eingeschlossen. Die Eier sind lebensmittelhygienisch unbedenklich und zum Verzehr geeignet.

Der grüne Rand am Dotter

Das Ei ist völlig unbedenklich und du kannst es ohne Probleme verzehren. Der Rand entsteht, wenn du das Ei länger als 10 Minuten kochst. Dabei verbindet sich das Eisen aus dem Dotter mit Schwefel aus dem Eiklar. Dabei entsteht Eisensulfid, das diese grün-graue Farbe hat. Willst du das vermeiden, koche Eier nicht länger als 9 Minuten.

Sind braune Eier gesünder als weiße?

Dass wir im Supermarkt häufiger braune Eier finden, liegt daran, dass diese mit dem Begriff der Naturbelassenheit verknüpft werden. Hinsichtlich der Qualität und der Haltbarkeit gibt es keine Unterschiede zum weißen Ei. An Ostern verkaufen sich übrigens widerum weiße Eier besser, da man sie besser färben kann.

Service

Weitere Infos für dich

Zum Weiterlesen

Bücher

Bauer, Wilhelm und Yvonne: **Hühner: 500 Fragen, 500 Antworten.** Ulmer

Bauer, Wilhelm: **Hühnerställe bauen.** Ulmer

Höck, Robert: **Das Hühnerbuch für Kids.** Kosmos

Höck, Robert: **Happy Huhn.** Hühnerrassenbuch Teil 1 und 2. Cadmos Landleben

Höck, Robert: **Happy Hühnergarten.** Cadmos Landleben

Maier, Birgit: **Zwergwyandotten im Garten halten**

Usbeck, Ralf Wigand: **Hühner halten – ganz einfach.** Kosmos

Im Internet

www.befluegelt.vet
www.dein-gartenhuhn.de
www.homefarming.de
www.hühnergeschichten.de

Zum Weiterhören

Zwerghuhngarten Podcast
Beflügelt – Der Hühner Podcast

Nützliche Links

Futter, Ergänzungsfuttermittel und Zubehör

www.befluegeltplus.de
www.mühlholz.at
www.eierschachteln.de
www.huehner-shop.com

Hühnerställe

Andreas Stöcklhuber:
www.huehnerstall-bauen.at

Johannes Gaul:
www.der-holz-hannes.de

www.heinicoop.de

Literaturangaben

JEROCH, H., DÄNICKE, S. 2014: Faustzahlen der Geflügelfütterung. In: Geflügel- Jahrbuch 2016, Verlag Eugen Ulmer, Stuttgart.

KAMPHUES, J., WOLF, P., COENEN, M., EDER, K., IBEN, C., KIENZLE, E., LIESEGANG, A., MÄNNER, K., ZEBELI, Q., ZENTEK, J. 2014: Supplemente zur Tierernährung. Verlag Schaper, Hannover.

LTZ (LOHMANN TIERZUCHT) 2016: Management-Guide für Alternative Haltung – Managementempfehlungen für Aufzucht und Haltung von Legehennen in Boden-, Volieren- und Freilandhaltung.

Schreiter & Damme 2017, Legehennen-fütterung Einsatz heimischer Futtermittel; Fütterung schnabel-unkupierter Legehennen, 1. Auflage, Kitzingen, Bayrische Staatsgüter

Register

Bildnachweis

126 Farbfotos wurden von Anna Auerbach/Kosmos für dieses Buch aufgenommen.
Weitere Farbfotos von Eva-Maria Casteel (1: S. 47 o.l.), Johannes Gaul https://der-holz-hannes.de (2: S. 40 beide), Regina Preuß (2: S. 12, 24), Shutterstock (AlenKadr 1: S. 63/2, creative sunday 1: S. 67/5, de2marco 1: S. 63/7 und 67/2, gusenych 1: S. 63/4, jaco van der ende 1: S. 51 o., Kobryn Taras 1: S. 47 o., MichaelJayBerlin 1: S. 63/9, Phonlamai Photo 1: S. 63/1 und 67/1, PraditPH 1: S. 87, supawan mongkonswat 1: S. 67/6, Tatiana Popova 1: S. 63/3, TRIFF 1: S. 63/8 und 67/3, VRVIRUS 1: S. 63/10, WebCat 1: S. 63/6, Wirestock Creators 1: S. 63/5), TrioBildarchiv/Maren Leuker (4: S. 41, 42 o.r., 43 beide)

Mit 23 Illustrationen von Hanna Wenzel/Kosmos.

Impressum

Umschlaggestaltung von GRAMISCI Editorialdesign/Stefanie Wawer unter Verwendung von 6 Farbfotos von Anna Auerbach/Kosmos, ein Farbfoto von Regina Preuß (vordere Umschlagklappe außen) und 7 Farbzeichnungen von Hanna Wenzel/Kosmos.

Mit 160 Farbfotos und 30 Farbzeichnungen

Alle Angaben in diesem Buch erfolgen nach bestem Wissen und Gewissen. Sorgfalt bei der Umsetzung ist indes dennoch geboten. Der Verlag und die Autorin übernehmen keinerlei Haftung für Personen-, Sach- oder Vermögensschäden, die aus der Anwendung der vorgestellten Materialien, Methoden oder Informationen entstehen könnten.

Unser gesamtes Programm finden Sie unter **kosmos.de.**
Über Neuigkeiten informieren Sie regelmäßig unsere
Newsletter, einfach anmelden unter **kosmos.de/newsletter**

Gedruckt auf chlorfrei gebleichtem Papier

ISBN: 978-3-440-17866-9
Redaktion: Alice Rieger
Gestaltungskonzept: GRAMISCI Editorialdesign, Claudia Geffert, München
Gestaltung und Satz: Atelier Krohmer, Dettingen/Erms
Produktion: Angela List
Druck und Bindung: Westermann Druck Zwickau GmbH, Zwickau
Printed in Germany / Imprimé en Allemagne

FSC
www.fsc.org
MIX
Papier | Fördert gute Waldnutzung
FSC® C110508